新编21世纪高等职业教育精品教材

装备制造类

数控机床编程与实训操作

主　编◎谢竞成　孙晓东

副主编◎陈周五　史召峰

参　编◎关正义　吴　彬　宁忠平

　　　　奚　思　张　勇　郑贤奎

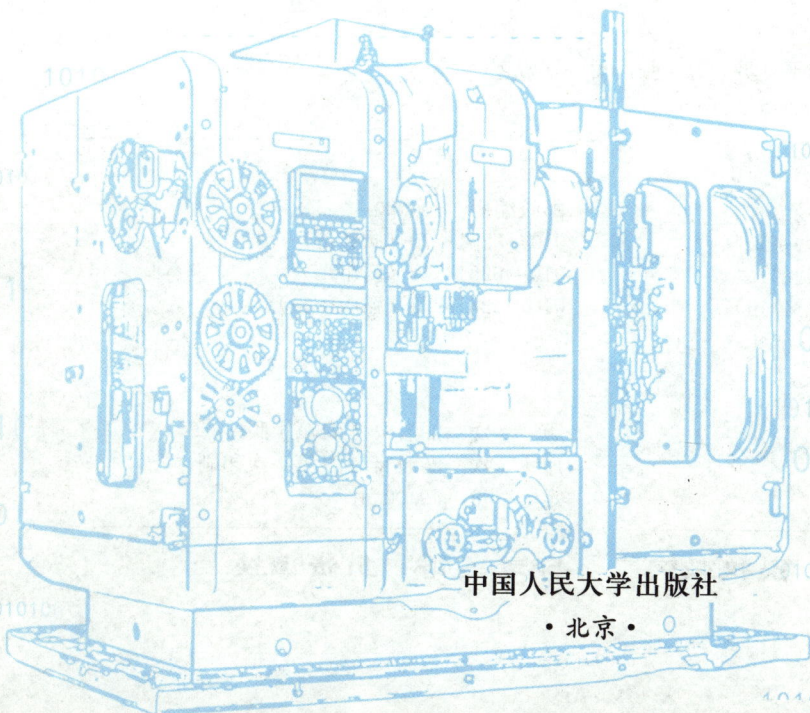

中国人民大学出版社

·北京·

图书在版编目（CIP）数据

数控机床编程与实训操作 / 谢竞成，孙晓东主编
. -- 北京：中国人民大学出版社，2024.1
新编 21 世纪高等职业教育精品教材. 装备制造类
ISBN 978-7-300-32473-9

Ⅰ. ①数… Ⅱ. ①谢… ②孙… Ⅲ. ①数控机床－程
序设计－高等职业教育－教材②数控机床－操作－高等职
业教育－教材 Ⅳ. ①TG659

中国国家版本馆 CIP 数据核字（2024）第 011831 号

新编 21 世纪高等职业教育精品教材·装备制造类

数控机床编程与实训操作

主　编　谢竞成　孙晓东
副主编　陈周五　史召峰
参　编　关正义　吴　彬　宁忠平　奚　思　张　勇　郑贤奎
Shukong Jichuang Biancheng yu Shixun Caozuo

出版发行	中国人民大学出版社	
社　　址	北京中关村大街 31 号	**邮政编码**　100080
电　　话	010－62511242（总编室）	010－62511770（质管部）
	010－82501766（邮购部）	010－62514148（门市部）
	010－62515195（发行公司）	010－62515275（盗版举报）
网　　址	http://www.crup.com.cn	
经　　销	新华书店	
印　　刷	北京密兴印刷有限公司	
开　　本	787 mm×1092 mm　1/16	**版　　次**　2024 年 1 月第 1 版
印　　张	15	**印　　次**　2024 年 1 月第 1 次印刷
字　　数	325 000	**定　　价**　49.00 元

随着数控技术的发展和普及，社会需要大批数控机床的编程与操作人员，本书正是为适应这一需要而编写的。本书可作为高职院校数控技术、机械制造及自动化、机械设计与制造、模具设计与制造、机电一体化技术等机械类专业教学用书，可作为高职院校数控机床操作实训教材，可作为国家数控类职业工种考试参考用书，还可作为1+X职业技能等级证书考试练习用书。

"数控机床编程与实训操作"是一门实践性、应用性很强的课程。编写本书的目的是帮助学生掌握数控机床操作基本理论知识与基本操作技能，培养学生综合运用知识的能力，力求创造一个从实践到理解、从理解到应用的实训环境，也为教师更好地组织教学提供切实的帮助。

"数控机床编程与实训操作"是数控技术专业的核心课程之一，是一门基础性、实践性、应用性很强的理实一体化课程。本课程的开设旨在培养学生根据零件图样要求，合理制定数控加工工艺，编制数控加工程序，并在此基础上完成零件加工，同时确保加工质量。

本书依据《数控车工国家职业标准》《数控铣工国家职业标准》及机械制造领域对高素质技术技能型人才的要求，在"以服务为宗旨，以就业为导向"的职业教育办学思想的指导下，围绕专业人才培养目标，充分体现以技能训练为目的、以项目教学为组织形式、理论与实践紧密结合的教材特点。

本书内容丰富，图文并茂，通俗易懂，借鉴了多所学校的教学经验。本书内容侧重于实训教学环节，兼顾理论知识，教材所含各实训课题可独立完成，教师也可在实际教学中按照专业特点、岗位需求和实训条件进行选用。同时，本书在编写过程中得到了相关合作企业的大力支持，企业人员共同参与确定课程标准、实训课题，提供企业素材，并在本书完成后，根据实际工作过程提供宝贵的修改意见。

本书由安徽工业经济职业技术学院谢竞成、淮南联合大学孙晓东任主编，安徽工业经济职业技术学院陈周五、史召峰任副主编。合肥恒力装备有限公司奚思，立扬数控设备（合肥）有限公司关正义，合肥海鲨智能科技有限责任公司吴彬，安徽工业经济职业技术学院郑贤奎、宁忠平、张勇也参与了部分内容的编写。具体编写分工如下：谢竞成编写项目2任务4中的实训1～实训8，孙晓东编写项目1任务2及项目4，陈周五编写项目2任务2和项目2任务4中的实训9、实训10及项目3，张勇编写项目2任务3及项目1任务3中的实训1，郑贤奎编写项目1任务3中的实训2，宁忠平编写项目1任务3中的实训3～实训6及项目2任务1，史召峰编写项目1任务1及项目1任务3中的实训7～实训10。史召峰、陈周五、张勇参与了微课视频的拍摄。奚思、关正义、吴彬提供了大量企业题材及编写意见。本书由谢竞成最后统稿与定稿。在编写本书过程中，编者参考、引用和改编了国内外出版物中的相关资料以及网络资源，在此表示深深的谢意！

由于编者水平有限，书中难免存在不足之处，恳请热心读者能将在使用本书过程中发现的问题及时反馈给我们，我们将不胜感谢，并在今后的修订中不断改进和完善。

编者

CONTENTS ≪ 目 录

数控车床编程基础知识

学习目标

知识目标

- 认识数控车床。
- 学习工件安装、刀具选择、程序的编辑输入和对刀等基本操作。
- 学习数控车床的常用 F、S、T 和 M 代码。
- 熟悉 G 代码。

能力目标

- 具有根据图纸编辑加工程序进行数控车床加工的能力。

素养目标

- 正确执行安全操作规程，树立安全意识。
- 培养学生爱岗敬业的精神。

　　社会需求的多样化与科学技术的现代化，使机械制造的产品日趋精密、复杂，而且更新频繁，这不但对机械制造的精度与效率提出了更高的要求，而且对生产的适应性、灵活性提出了更高的要求。特别是在宇航、造船、模具、军工及计算机工业中，零件精度高、形状复杂、中小批量且频繁改型，使用普通车床加工这些零件则存在生产效率低、劳动强度大、加工精度难以保证甚至有时不能加工等现象。近年来，由于市场竞争日趋激烈，各生产厂家一方面要不断提高产品质量，另一方面要满足市场不断变化的需要而进行频繁改型。即使是大批量生产，也面临产品改型变化的要求。这样，以组合车床及自动化生产线为特征的刚性自动化在大批量生产中日渐暴露其缺点或不足，即刚性自动化可以有很高的效率和加工精度，但没有生产的灵活性和对单件小批量生产的适应性，尤其是对复杂多变的零件加工没有"柔性"。据统计，单件、中小批量生产的零件品种约占零件总品种的 80%，甚至更多。为了解决上述问题，一种新型的数字程序控制车床应运而生。数控车床是综合运用了计算机技术、网络通信技术、成组技术、自动控制技术、传感检测技术、液压气动技术、微电子技术以及精密机械等高新技术而发展起来的一种完全新型的具有高精度、高效率的高自动化车床，是典型的机电一体化产品，它的产生和发展标志着世界机械加工业进入了一个崭新的时代。

任务 1　数控车床基础知识

1.1.1　数控车床的组成和工作原理

1. 数控车床的组成

数控车床一般由控制介质、数控系统、伺服系统、检测反馈装置和辅助装置以及车床本体等部分组成，如图 1-1 所示。

📹 **微课视频**

[二维码]

数控车床的组成
与发展

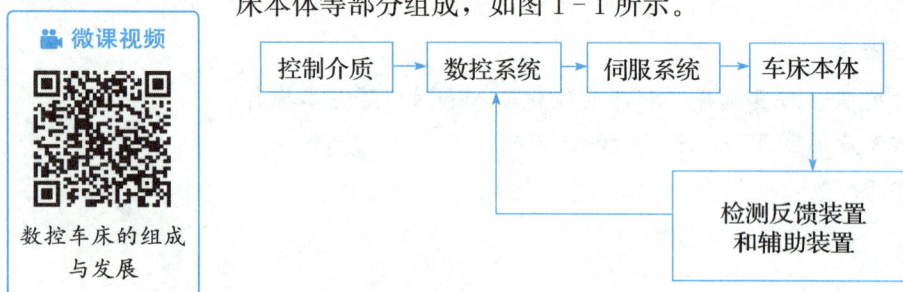

图 1-1　数控车床的组成

（1）控制介质。

数控车床的操作人员要通过控制介质对数控系统进行操作和控制。键盘和显示器是数控系统不可缺少的人机交互装置。对于现代数控车床而言，人们可以利用显示器及键盘以手动方式输入加工程序，或者对输入的加工程序进行编辑、修改和调试；也可以通过计算机用通信方式将自动编程产生的加工程序传送到数控装置。数控系统通过显示器显示车床运行状态、车床参数以及坐标轴位置等，高档的显示器还具备显示加工轨迹图形的功能。

（2）数控系统。

数控系统是数控车床的控制中心，是整个数控车床的灵魂所在。数控系统主要由操作系统、主控制系统、可编程控制器、输入输出接口等部分组成。其中，操作系统由显示器和键盘组成。主控制系统类似计算机主板，主要由 CPU、存储器、运算器、控制器等部分组成。数控系统可控制位置、速度、角度等机械量，以及温度、压力等物理量，其控制方式可分为数据运算处理控制和时序逻辑控制两大类。其中，主控制器内的插补运算模块就是根据所读入的零件程序，通过译码、编译等信息处理后，进行相应的刀具轨迹插补运算，并通过与各坐标伺服系统的位置、速度反馈信号相比较，从而控制车床各个坐标轴的位移。而时序逻辑控制通常主要由可编程逻辑控制器（PLC）来完成，它根据车床加工过程中的各个动作要求进行协调，按各检测信号进行逻辑判别，从而控制车床各个部件有条不紊地按序工作。

（3）伺服系统。

伺服系统是连接数控系统和车床本体之间的电传动环节，它接受来自数控系统发出的脉冲信号，转换为车床移动部件的运动，加工出符合图纸要求的零件。伺服系统主要由驱动装置、执行机构和位置检测反馈装置等部分组成。目前大多采用交、直流伺服电机作为系统的执行机构，各执行机构由驱动装置驱动。交、直流伺服电机一般适用于全功能型数控车床，而步进电机多用在经济型或简易数控车床上，每个脉冲信号所对应的位移量称为脉冲当量，它是数控车床的一个基本参数。数控车床常用当量一般为 0.001～0.01mm。数控系统发出的脉冲指令信号与位置检测反馈信号比较后作为位移指令，再经驱动装置功率放大后，驱动电动机运转，进而通过丝杠拖动刀架或工作台运动。

（4）检测反馈装置和辅助装置。

检测反馈装置包括：

①车床行程限位检测传感器。这种传感器分为机械式有触点行程开关和接近式无触点行程开关两种。机械式有触点行程开关包括微动开关、行程开关、组合式行程开关等，因为有触点，所以寿命短、信号有抖动、可靠性差。接近式无触点行程开关按工作原理可分为光电式、电容式、电感式和霍尔式等，因为无触点，所以工作可靠、寿命长，常用于检测车床参考点、超限行程保护等。

②车床位移或位置检测传感器。这种传感器分为模拟式传感器和数字脉冲式传感器两种。模拟式传感器有旋转变压器、感应同步器、磁栅尺等，数字脉冲式传感器有光栅尺等，它们又分为增量式和绝对式。

③车床速度传感器。这种传感器分为测速发电机、光电编码器等。

辅助装置主要包括工件自动交换机构（APC）、刀具自动交换机构（ATC）、工件夹紧放松机构、回转工作台、液压控制系统、润滑冷却装置、排屑及照明装置、过载与限位保护装置以及对刀仪等部分。车床的功能与类型不同，其包含辅助装置的内容也有所不同。

（5）车床本体。

车床本体（如图1-2所示）是指数控车床本体的机械结构实体，它与传统的普通车床相比，同样由主传动机构、进给传动机构、工作台、拖板、床身等部分组成。但数控车床的整体布局、外观造型、传动机构、刀具系统及操作界面等都发生了很大的变化，主要包括以下几点：

①主传动机构一般分为齿轮有级变速和电气无级调速两种类型。较高档次的数控车床都要求配置调速电机实现主轴的无级变速，以满足各种加工工艺的要求，采用高性能主传动及主轴部件，具有传递功率大、刚度高、抗振性好及热变形小等优点。

②进给传动机构采用高效传动件，具有传动链短、结构简单、传动精度高等特点，如采用滚珠丝杠副、滚动直线导轨副等。

③床身机架具有更高的动、静刚度。

④为了操作安全，一般采用全封闭罩壳等。

数控车床的刀架是车床本体的重要组成部分，其结构直接影响车床的切削性能和工作效率，在一定程度上刀架的结构和性能体现了车床的设计与制造技术水平。

图 1-2　车床本体

　　数控车床的刀架分为排式刀架和转塔式刀架两大类。转塔式刀架是普遍采用的刀架形式，它用转塔头各刀座来安装或支持各种不同用途的刀具，通过转塔头的旋转、分度、定位来实现车床的自动换刀工作。转塔式刀架分度准确，定位可靠，重复定位精度高，转位速度快，夹紧刚性好，可以保证数控车床的高精度和高效率（图 1-3、图 1-4 分别为卧式和立式转塔刀架）。立式转塔刀架的回转轴与机床主轴成垂直布置，刀位数有 4 位与 6 位两种，结构比较简单，经济型数控车床多采用这种刀架。

图 1-3　卧式转塔刀架

图 1-4　立式转塔刀架

卧式转塔刀架的回转轴与机床主轴平行，可以在其径向与轴向安装刀具。径向刀具多用作外圆柱面及端面加工，轴向刀具多用作内孔加工。转塔刀架的工位数可达20个，但最常用的有8、10、12、14个工位。刀架回转及松开夹紧的动力有电动的、液压的、电动回转松开碟形弹簧夹紧的、电动回转液压松开夹紧的等。刀位计数由多个行程开关（或接近开关）组成，常用的以光电编码器为多。转塔刀架机械结构复杂，使用中故障率相对较高，因此在选用及使用维护中要给予足够重视。

2. 数控车床的工作原理

利用数控车床加工零件，就是首先根据所设计的零件图，经过加工工艺分析、设计，将加工过程中所需的各种操作，如机床启停、主轴变速、刀具选择、切削用量、走刀路线、切削液供给，以及刀具与工件相对位移量等都编入程序中，然后通过键盘或其他输入设备将信息传送到数控系统，由数控系统中的计算机对接受的程序指令进行处理和计算，向伺服系统和其他各辅助控制线路发出指令，使它们按程序规定的动作顺序、刀具运动轨迹和切削工艺参数来进行自动加工，零件加工结束时，机床停止。

当数控车床通过程序输入、调试和首件试切合格，进入正常批量加工时，操作者一般只要进行工件上下料装卸，再按一下程序自动循环按钮，车床就能自动完成整个加工过程。

1.1.2　数控车床的加工特点和应用范围

📹 微课视频

数控车床分类

1. 数控车床的加工特点

与普通车床相比，数控车床主要有以下特点：

（1）自动化程度高；

（2）加工精度高且质量稳定；

（3）能加工形状复杂的零件；

（4）对加工对象的适应性强；

（5）生产效率高；

（6）能带来良好的经济效益；

（7）易于构建计算机通信网络；

（8）便于实现生产管理的现代化。

2. 数控车床的应用范围

数控车床是一种具有高精度、高效率的高自动化车床，有许多普通车床不可比拟的优点。现在数控车床的应用范围不断扩大，但由于数控车床技术含量高、价格昂贵、维修困难、对操作人员素质要求高等，因此从最经济的角度出发，数控车床适合加工具有以下特点的零件：

（1）形状复杂、精度要求较高的零件；

（2）多品种、小批量或需要频繁改型的零件，一般采用数控车床加工的合理生产批量数为10～100件；

（3）要求精密复制的零件；

（4）价格昂贵、不允许报废的关键零件；

（5）需要最短生产周期的急需零件；

（6）需要铣、镗、铰、钻、攻螺纹等多道工序连续加工的零件；

（7）要求 100％检验的零件。

1.1.3 数控车床常用术语

知识微课堂

数控车床
常用术语

1.1.4 数控车床刀具

1. 数控车床常用刀具

数控车床常用刀具一般分为尖形车刀、圆弧形车刀以及成形车刀三类。

（1）尖形车刀。

尖形车刀是以直线形切削刃为特征的车刀。车刀的刀尖由直线形的主、副切削刃构成，如 90°内外圆车刀、左右端面车刀、车槽（切断）车刀及刀尖倒棱很小的各种外圆和内孔车刀。

微课视频

数控车床刀具
与夹具

（2）圆弧形车刀。

圆弧形车刀是以圆弧形切削刃为特征的车刀。其刀位点不在圆弧上，而在该圆弧的圆心上。圆弧形车刀可以用于车削内外表面，特别适合于车削各种光滑连接（凹形）的成形面。选择车刀圆弧半径时应考虑两点：一是车刀切削刃的圆弧半径应小于或等于零件凹形轮廓上的最小曲率半径，以免发生干涉；二是该半径不宜选择太小，以免刀具强度不足或散热能力差导致车刀损坏。

（3）成形车刀。

成形车刀是指加工零件的轮廓形状完全由车刀刀刃的形状和尺寸决定的车刀。成形车刀主要有小半径圆弧车刀、非矩形车槽刀和螺纹刀等。加工中，成形车刀一般应尽量少用或不用。

数控车床上应尽量使用系列化、标准化刀具。刀具使用前应进行严格的测量以获得精确资料，并由操作者将这些数据输入数控系统，经程序调用而完成加工过程。刀片的选择要根据零件材质、硬度、毛坯余量、工件的尺寸精度和表面粗糙度、机床的自动化程度等来选择刀片的几何结构、进给量、切削速度和刀片牌号。另外，粗车时为了满足大吃刀量、大进给量的要求，要选择高强度、高耐用度的刀具；精车时要选择精度高、耐用度好的刀具，以满足加工精度的要求。

目前数控车床用刀具的主流是可转位刀片的机夹刀具。下面对可转位刀具作简要的介绍：

（1）数控车床可转位刀具的特点。

数控车床所采用的可转位车刀，其几何参数是通过刀片的结构形状和刀体上刀片槽座的方位安装组合形成的，与通用车床相比一般无本质上的区别，其基本结构、功能特点是相同的。但数控车床的加工工序是自动完成的，因此对可转位车刀的要求又有别于通用车床所使用的刀具。

（2）可转位车刀的种类。

可转位车刀按其用途可分为外圆车刀、仿形车刀、端面车刀、内圆车刀、切槽车刀、切断车刀和螺纹车刀等。

2. 数控车床切削刀具

数控车床切削刀具按使用场合分为三大类：车削类、铣削类、钻削类。数控刀具通常由刀杆和刀片、刀垫、刀片夹紧装置组成，连接方式有杠杆、螺钉和杠杆、螺钉复合压紧三种。常用刀具及其适用场合、名称如下：

（1）外圆车刀。95°外圆车刀如图1-5所示，45°外圆车刀如图1-6所示，90°外圆车刀如图1-7所示，60°外圆车刀如图1-8所示，93°外圆车刀如图1-9所示，0°外圆车刀如图1-10所示。

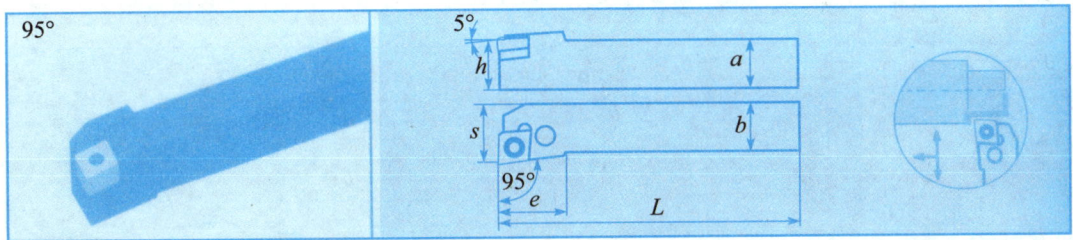

图1-5　95°外圆车刀

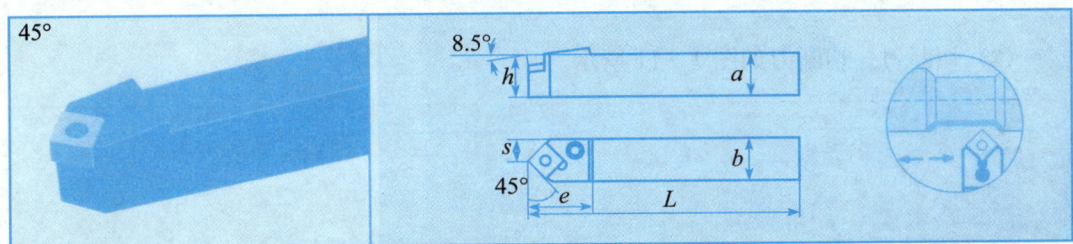

图1-6　45°外圆车刀

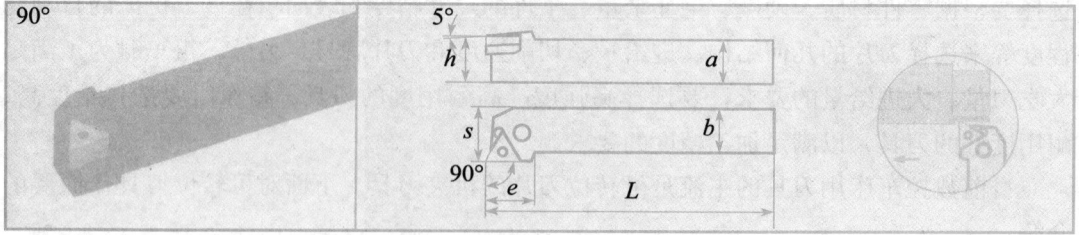

图 1-7　90°外圆车刀

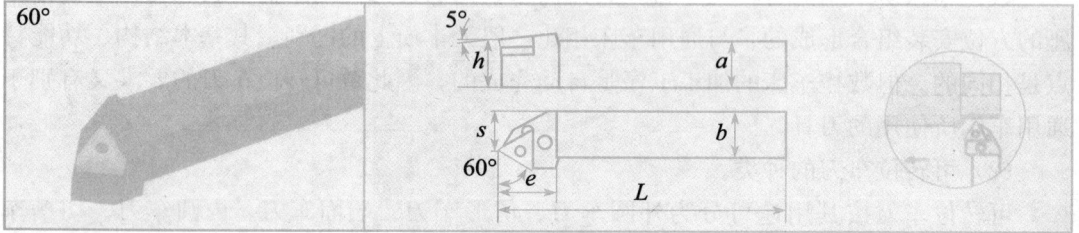

图 1-8　60°外圆车刀

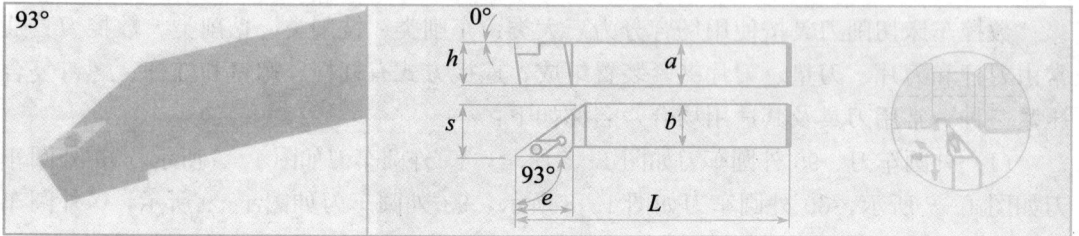

图 1-9　93°外圆车刀

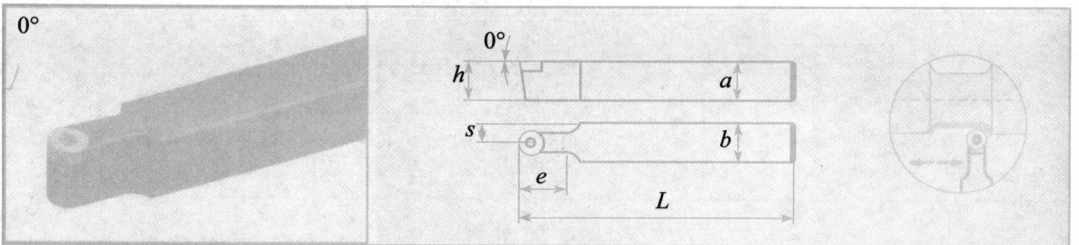

图 1-10　0°外圆车刀

（2）切断刀。切断刀如图 1-11 所示。

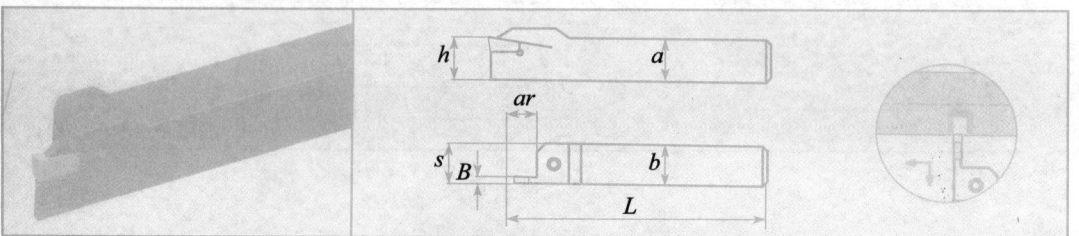

图 1-11　切断刀

（3）内孔车刀。95°内孔车刀如图 1-12 所示，93°内孔车刀如图 1-13 所示，90°内孔车刀如图 1-14 所示，95°内孔车刀如图 1-15 所示，75°内孔车刀如图 1-16 所示。

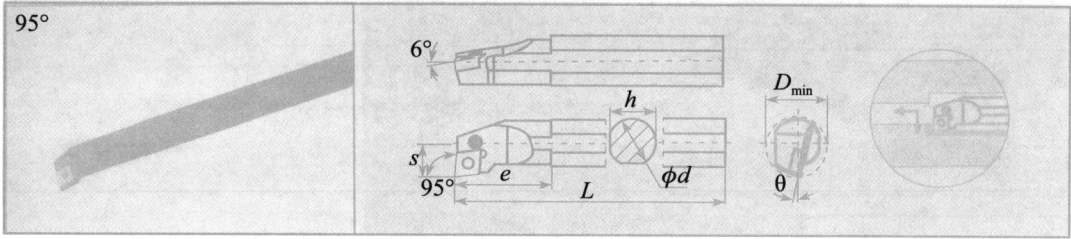

图 1-12　95°内孔车刀

图 1-13　93°内孔车刀

图 1-14　90°内孔车刀

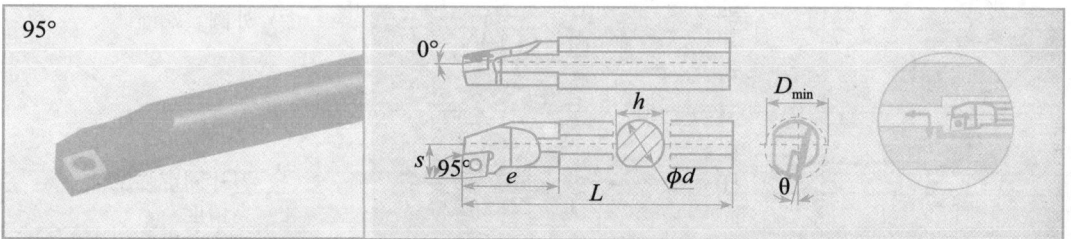

图 1-15　95°内孔车刀

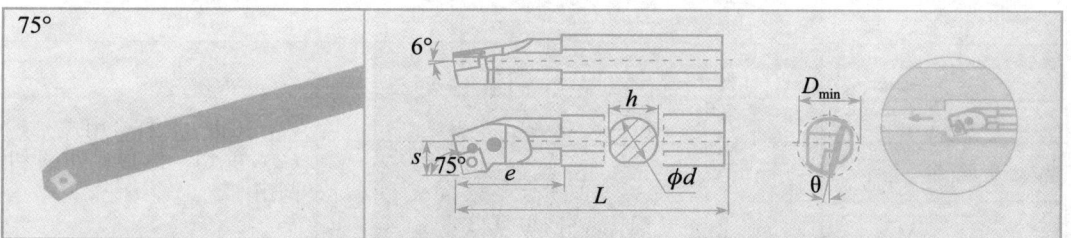

图 1-16　75°内孔车刀

（4）螺纹车刀。外螺纹车刀如图1-17所示，内螺纹车刀如图1-18所示。

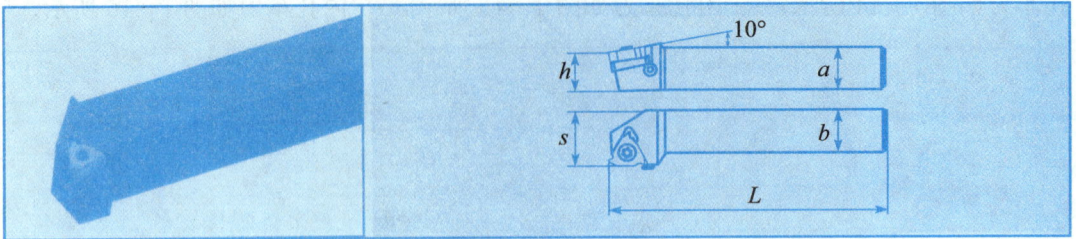

图1-17　外螺纹车刀

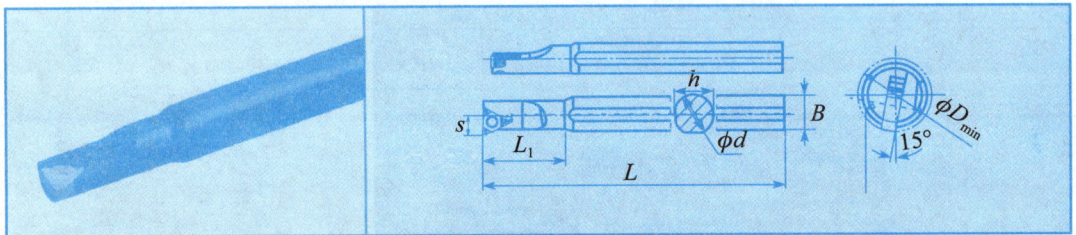

图1-18　内螺纹车刀

3. ISO标准刀杆与刀头连接方式

ISO标准刀杆与刀头连接方式见表1-1。

表1-1　ISO标准刀杆与刀头连接方式

ISO记号	构　造		适用场合
C	压板固定方式		（1）强固压板式 （2）重切削用 （3）外圆、端面
P	杠杆固定方式		（1）刀片固定强度佳 （2）高精度 （3）刀片容易取出更换 （4）一般切削用
M	楔形固定方式		（1）压板、杠杆合用式 （2）重切、仿形、外圆切削用

续表

ISO 记号		构　造	适用场合
 S	螺丝固定方式		(1) 刀具零件简单 (2) 精、轻切削用 (3) 小内径加工用

4. 可转位车刀的结构形式

(1) 杠杆式：结构如图 1-19 所示，由杠杆、螺钉、刀垫、刀垫销、刀片所组成。这种方式依靠螺钉旋紧压靠杠杆，由杠杆的力压紧刀片达到夹固的目的。其特点适合各种正、负前角的刀片，有效的前角为 $-6°\sim18°$；切屑可无阻碍地流过，切削热不影响螺孔和杠杆；两面槽壁给刀片有力的支撑，并确保转位精度。

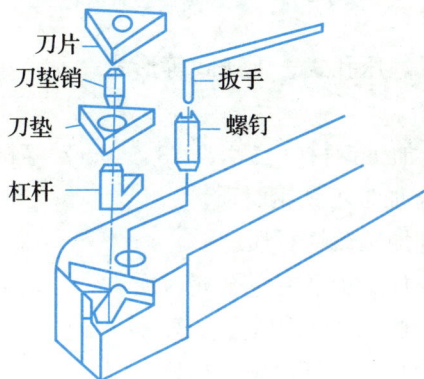

图 1-19　杠杆式可转位车刀

(2) 楔块式：其结构如图 1-20 所示，由螺钉、刀垫、销、楔块、刀片所组成。这种方式依靠销与楔块的挤压力将刀片紧固。其特点适合各种负前角刀片，有效的前角为 $-6°\sim18°$。两面无槽壁，便于仿形切削或倒转操作时留有间隙。

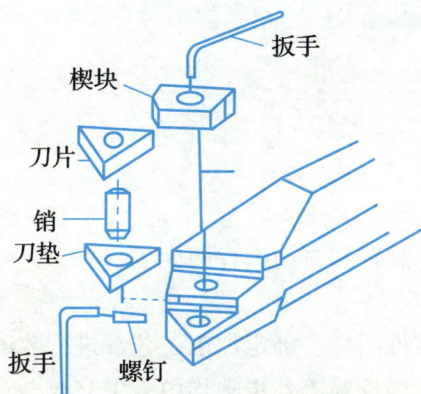

图 1-20　楔块式可转位车刀

（3）楔块夹紧式：其结构如图 1－21 所示，由螺钉、刀垫、销、压紧楔块、刀片所组成。这种方式依靠销与楔块的下压力将刀片夹紧。其特点同楔块式，但切屑流畅度不如楔块式。

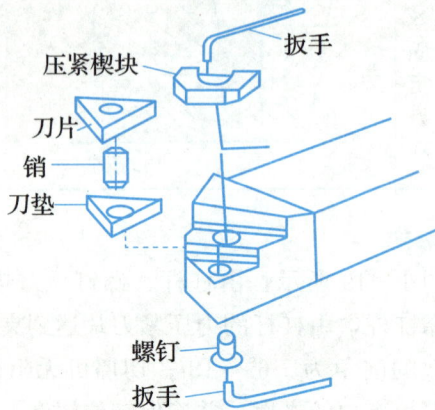

图 1－21　楔块夹紧式可转位车刀

此外还有螺栓上压式、压孔式、上压式等形式。

5. 数控刀片英文表示

（1）P 表示刀片适合加工钢材（45♯、A3、40cr）等材质。

（2）M 表示刀片适合加工不锈钢材质。

（3）K 表示刀片适合加工铸铁材质。

（4）N 表示刀片适合加工铝及有色金属材质。

（5）S 表示刀片适合加工耐热优质合金钢材质。

（6）H 表示刀片适合加工淬硬材料材质。

注：（1）～（6）字母后若加上"R"，则表示刀片适用于粗加工；若加上"F"，则表示刀片适用于精加工。

任务 2　数控车床加工工艺及编程

1.2.1　编程基础

1. 数控编程分类

数控编程一般分为手工编程和自动编程两大类。

（1）手工编程。

手工编程是指从分析零件图样、确定加工工艺、进行数值计算、编写零件加工程序单、程序键入数控系统、程序校验等各步骤均由人工完成。对于几何形状不复杂、计算容易、程序段不多的零件，一般采用手工编程，优点是经济、及时。在点位加工或由直线与圆弧组成的轮廓加工中，手工编程应用广泛。目前，仍然有相当部分如数控车床、加工中心的程序是由手工编程完成的。

（2）自动编程。

对于几何形状复杂，尤其是需要三轴以上联动加工的空间曲面组成的零件，如叶片、凸轮、复杂模具等，编程时坐标数值烦琐，时间长，易出错，用手工编程难以完成，必须采用计算机辅助编程，即自动编程。

自动编程是利用计算机专用软件编制数控加工程序的过程。编程人员将工件的形状、尺寸、走刀路线、切削用量等按指定的格式输入计算机，计算机经后置处理后可生成加工程序，可动态模拟显示和绘制刀具轨迹图，检查程序的正确性。通过将机床电缆接口与计算机相连，编程人员将程序直接输入数控机床的数控系统中，控制机床加工或进行 DNC 加工。

自动编程的特点是应用计算机代替人的劳动。编程人员除了完成工艺处理阶段全部或部分工作外，不再参与数值计算、零件加工程序编制和控制介质制备等工作，故可大大减轻编程人员的工作量，提高编程速度。目前，根据编程信息的输入与计算机对信息的处理方式不同，计算机辅助编程（即自动编程）又可分为语言式自动编程和图形交互式自动编程（CAM 自动编程）两类。

2. 数控车床的坐标系和运动方向

统一规定数控车床坐标轴及其运动方向，是为了便于描述车床的运动，简化程序的编制，并使所编程序具有通用性。

（1）刀具相对于静止的工件而运动的原则。

为了使编程人员能够在不知道车床加工零件是刀具移向工件，还是工件移向刀具的情况下，他们就可以根据零件图样确定工件的加工过程，特规定这一原则。

（2）标准坐标系的规定。

标准坐标系也叫机床坐标系。在编程序时，以该坐标系来规定运动的方向和距离。国际标准化组织统一规定采用右手直角笛卡儿坐标系作为数控车床的标准坐标系，如图 1-22 所示。

在图 1-22 中，大拇指的指向为 X 轴的正方向，食指的指向为 Y 轴的正方向，中指的指向为 Z 轴的正方向。该坐标系的各坐标轴与车床的主要导轨相平行。一般来说，工件安装在车床上，要按车床的主要直线导轨找正工件。

通常在命名或编程时，在车床加工过程中，不论是刀具移动还是被加工工件移动，都一律假定被加工工件是相对静止的，刀具是移动的。所以，图 1-22 中的 X、Y、Z、A、B、C 的方向是指刀具相对移动的方向。

如果把刀具看成是相对静止的，工件是相对移动的，则用 X'、Y'、Z'、A'、B'、C' 的方向来表示工件相对移动的方向。由图 1-22 可见，X 和 X'、Y 和 Y'、Z 和 Z' 的方向是相反的。

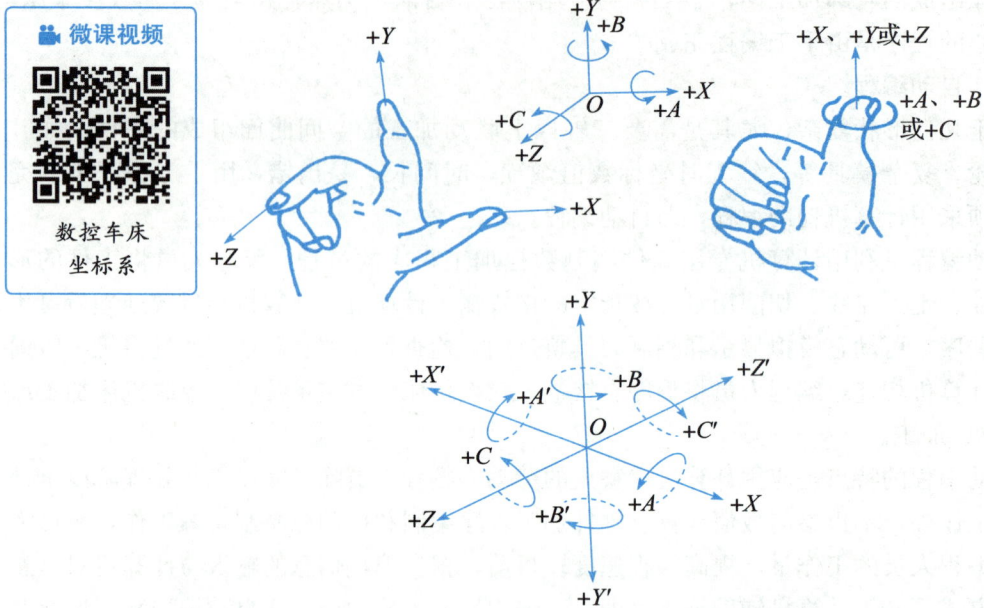

图 1－22　右手直角笛卡儿坐标系

（3）运动方向的确定。

坐标轴定义顺序是先确定 Z 轴，然后确定 X 轴，最后确定 Y 轴。

1）Z 坐标的运动。

Z 坐标的运动由传递切削力的主轴决定，与车床主轴轴线平行或重合的坐标轴即为 Z 坐标。对于铣床、镗床、钻床等主轴带动刀具旋转的轴是 Z 轴；对于车床、磨床和其他加工旋转体的机床，主轴带动工件旋转，Z 轴与主轴旋转中心重合，平行于床身导轨。

Z 坐标的正方向为增大刀具与工件之间距离的方向。比如在钻镗加工中，钻入或镗入工件的方向为 Z 坐标的负方向，退出方向为正方向。

2）X 坐标的运动。

X 坐标是水平的且平行于工件的装夹表面，它是在刀具或工件定位平面内运动的主要坐标。

对于工件作旋转运动的机床（如车床、磨床等），X 坐标的方向平行于横向滑座，在工件的径向上。刀具远离工件的方向为 X 轴正方向。对于刀具作旋转运动的机床（如镗床、铣床、钻床等），若 Z 轴为水平的（主轴是卧式的），则沿刀具、主轴后端向工件方向看，X 轴的正方向指向右方；若 Z 轴为垂直的（主轴是立式的），则面对刀具、主轴向立柱方向看，右方向即为 X 轴的正方向。

3）Y 坐标的运动。

Y 坐标轴垂直于 X 和 Z 坐标轴。Y 轴正方向根据 X 轴和 Z 轴的正方向，按右手直角笛卡儿坐标系来确定。

（4）旋转运动 A、B 和 C。

A、B、C 分别为绕 X、Y、Z 轴转动的旋转轴，其方向根据右手螺旋法则来判定。

（5）其他坐标轴。

一般称靠近主轴的坐标系为第一坐标系，稍远的且分别与 X、Y、Z 轴平行的 U、V、W 坐标轴称为第二坐标系，如果再有分别与 X、Y、Z 坐标轴平行的轴，则称为第三坐标系 P、Q、R 的坐标轴。其他不平行于 X、Y、Z 坐标轴的，取名为 D 轴或 E 轴等。

3. 程序的结构与格式

数控系统种类繁多，但程序的基本格式一样。

（1）程序的结构。

一个零件加工程序通常由程序号、程序内容和程序结束三部分组成。

1）程序号：是程序的开始标记，为了与存储器中其他程序区别开，每个程序都编有不同的程序号存入系统中。对于不同的数控系统，程序号表示也不同。例如，在 FANUC（KND）系统中，采用英文字母"O"及其后的四位数字来表示，而其他系统有的采用"％""P"":"等与其后的若干位数表示。

2）程序内容：是整个程序的核心，由许多程序段组成。而每个程序段由一个或多个指令组成，表示数控车床要完成的全部动作。

3）程序结束：用辅助功能 M02（程序结束）或 M30（程序结束，返回起点）来表示整个程序的结束。

（2）程序段格式。

零件的加工程序由若干以段号大小次序排列的程序段组成。每一个程序段由若干数据字组成，每个字是控制系统的具体指令，它由表示地址的英语字母、特殊文字和数字组成。

程序段格式是指一个程序段中字、字符、数据的书写规则。一般有字-地址程序段格式、使用分隔符的程序段格式和固定程序段格式，最常用的为字-地址程序段格式。

字-地址程序段格式由语句号字、数据字和程序段结束组成。每个字之前有地址码用以识别地址，字的排列顺序要求不严格，数据的位数可多可少，不需要的字以及与上一程序段相同的续效字可以省略不写。这种程序段格式的优点是程序简短、直观以及便于检查和修改，应用广泛。

字-地址程序段格式如下：

```
N0020 G __ X __ Z __ F __
```

1）语句号字：用以识别程序段的编号，由地址码 N 和后面的若干位数字组成。例如：N0020 表示该语句的语句号为 0020，即表示第 0020 号程序段。

2）准备功能（G 功能）字。G 功能是使数控车床做好某种操作准备的指令，用地址符 G 和两位数字表示，从 G00～G99 共 100 种。目前，有的数控系统也用到 00～99 之外的数字。

3）尺寸字：由地址码、"＋"、"－"符号及数值构成。尺寸字的地址码有 X、Y、

微课视频

数控编程基础

Z、U、V、W、P、Q、R、A、B、C、I、J、K、D、H 等。例如：X10 Y－20。尺寸字的"＋"可省略。

表示地址的英文字母的含义见表 1－2。

表 1－2 地址码中英文字母的含义

地址码	意义	地址码	意义
O、P	程序号、子程序号	P、Q、R	平行于 X、Y、Z 轴的第三坐标
N	程序段号	A、B、C	绕 X、Y、Z 轴的转动
X、Y、Z	X、Y、Z 轴方向的运动	I、J、K	圆弧中心坐标
U、V、W	平行于 X、Y、Z 轴的第二坐标	D、H	补偿号指定

4）进给功能（F 功能）字：表示刀具中心运动的进给速度，由地址码 F 和后面若干位数字构成。每种数控系统的进给速度表示方法可能不同，如 F150 表示进给速度为 150mm/min。有的用 F×× 表示，这后两位数既可以是代码，也可以是进给量的数值，具体规定要以所用车床编程说明书为准。

5）主轴转速功能（S 功能）：由地址码 S 及其后面的若干位数字组成，单位为 r/min。例如，S800 表示主轴转速为 800r/min。

6）刀具功能（T 功能）：由地址功能码 T 及其后面的若干位数字组成。刀具功能的数字是指定的刀号，数字的位数由所用的系统决定。例如，T03 表示第三号刀。

7）辅助功能（M 功能）：用来表示机床的一些辅助动作的指令，由地址码 M 及其后面的两位数字组成，从 M00 至 M99 共 100 种。

8）程序段结束：写在每一程序段之后，表示该程序段结束。用"ISO"标准代码时，结束符为"NL"或"LF"；用 EIA 标准代码时，结束符为"CR"；有的系统用符号"："或"＊"表示，而有的系统则直接回车即可。

下面对一个典型的字-地址程序段格式加以说明：

```
N0010 G01 X50 Z－ 10 F100 S600 T03 M03 LF
```

其中：

N0010 表示第十号程序段；

G01 表示直线插补；

X50、Z－10 分别表示沿 X、Z 坐标轴方向的位移量；

F100 表示进给速度是 100mm/min；

S600 表示主轴转速是 600r/min；

T03 表示第三号刀具；

M03 表示主轴按顺时针方向旋转；

LF 表示该程序段结束。

4. 数控系统的基本功能代码

（1）准备功能（G 功能）。

准备功能也称 G 功能或 G 代码，它是使机床或数控系统建立起某种加工方式的指令。G 功能由地址符 G 及其后的两位数字组成。一般从 G00 至 G99 共 100 种。准备功能 G 指令见表 1-3。

表 1-3　准备功能 G 指令

代码	功能保持到被取消或被同样字母表示的程序指令代替	功能仅在所出现的程序段内有作用	功能	代码	功能保持到被取消或被同样字母表示的程序指令代替	功能仅在所出现的程序段内有作用	功能
(1)	(2)	(3)	(4)	(1)	(2)	(3)	(4)
G00	A		点定位	G50	#(d)	#	刀具偏置 0/-
G01	A		直线插补	G51	#(d)	#	刀具偏置+/0
G02	A		顺时针方向圆弧插补	G52	#(d)	#	刀具偏置-/0
G03	A		逆时针方向圆弧插补	G53	f		直线偏移，注销
G04		*	暂停	G54	f		直线偏移 X
G05	#	#	不指定	G55	f		直线偏移 Y
G06	A		抛物线插补	G56	f		直线偏移 Z
G07	#	#	不指定	G57	f		直线偏移 XY
G08		*	加速	G58	f		直线偏移 XZ
G09		*	减速	G59	f		直线偏移 YZ
G10～G16	#	#	不指定	G60	f		准确定位 1（精）
G17	C		XY 平面选择	G61	h		准确定位 2（中）
G18	C		XZ 平面选择	G62	h		快速定位（粗）
G19	C		YZ 平面选择	G63	h	*	攻螺纹
G20～G32	#	#	不指定	G64～G67		#	不指定
G33	A		螺纹切削，等螺距	G68	#	#	刀具偏置，内角
G34	A		螺纹切削，等螺距	G69	#(d)	#	刀具偏置，外角
G35	A		螺纹切削，等螺距	G70～G79	#(d)	#	不指定

数控机床编程与实训操作

续表

代码	功能保持到被取消或被同样字母表示的程序指令代替	功能仅在所出现的程序段内有作用	功能	代码	功能保持到被取消或被同样字母表示的程序指令代替	功能仅在所出现的程序段内有作用	功能
(1)	(2)	(3)	(4)	(1)	(2)	(3)	(4)
G36~G39	#	#	永不指定	G80	e		固定循环注销
G40	D		刀具补偿/刀具偏置注销	G81~G89	e		固定循环
G41	D		刀具补偿-左	G90	j		绝对尺寸
G42	D		刀具补偿-右	G91	j		增量尺寸
G43	#(d)	#	刀具偏置-正	G92		*	预置寄存
G44	#(d)	#	刀具偏置-负	G93	k		时间倒数进给率
G45	#(d)	#	刀具偏置+/+	G94	k		每分钟进给
G46	#(d)	#	刀具偏置+/-	G95	k		主轴每转进给
G47	#(d)	#	刀具偏置-/-	G96	i		恒线速度
G48	#(d)	#	刀具偏置-/+	G97	i		每分钟转数（主轴）
G49	#(d)	#	刀具偏置0/+	G98~G99	#	#	不指定

　　G代码分为模态代码（又称续效代码）和非模态代码。表中序号（2）一栏中标有字母的所对应的G功能为模态功能，字母相同的为一组。模态代表该代码已经在一个程序段中指定了（如A组中的G01），直到出现同组（A组）的另一个代码（如G02）时才失效；没有字母表示的G代码为非模态代码，只在写有该代码的程序段中才有效。

　　表中序号（4）栏中的"不指定"代码，用作将来修改标准时指定新功能；"永不指定"代码指的是即使修改标准也不指定新的功能。不过这两类代码可由数控系统的设计者根据需要自行定义新的功能，但必须在机床编程说明书中予以说明，以便用户使用。

　　（2）辅助功能（M功能）。

　　辅助功能也称M功能或M代码，由地址符M及其后面的两位数字组成。它是控制机床或系统的开关功能的一种命令，用以指定如主轴正反转、工件或刀具的夹紧与松开、系统切削液的开与关、程序结束等。辅助功能M指令见表1-4。

18

表1－4 辅助功能 M 指令

代码	功能开始时间		功能保证到被注销或被适当程序指令代替	功能仅在所出现的程序段内有作用	功能
	与程序段指令运动同时开始	在程序段指令运动完成后开始			
(1)	(2)	(3)	(4)	(5)	(6)
M00		*		*	程序停止
M01		*		*	计划停止
M02		*		*	程序结束
M03	*		*		主轴顺时针方向
M04	*		*		主轴逆时针方向
M05		*	*		主轴停止
M06	#	#		*	换刀
M07	*		*		2号切削液开
M08	*		*		1号切削液开
M09		*	*		切削液关
M10	#	#			夹紧
M11	#	#	*	*	松开
M12		#	#	#	不指定
M13	*		*		主轴顺时针方向，切削液开
M14	*		*		主轴逆时针方向，切削液开
M15	*			*	正运动
M16	*			*	负运动
M17～M18	#	#	#	#	不指定
M19		*	*		主轴定向停止
M20～M29	#	#	#	#	永不指定
M30		*		*	程序结束
M31	#	#		*	互锁旁路
M32～M35	#	#	#	#	不指定
M36	*		*		进给范围1
M37	*		*		进给范围2
M38	*		*		主轴速度范围1
M39	*		*		主轴速度范围2
M40～M45	#	#	#	#	如有需要作为齿轮换挡，此外不指定

续表

代码	功能开始时间		功能保证到被注销或被适当程序指令代替	功能仅在所出现的程序段内有作用	功能
	与程序段指令运动同时开始	在程序段指令运动完成后开始			
(1)	(2)	(3)	(4)	(5)	(6)
M46～M47	＃	＃	＃	＃	不指定
M48		＊	＊		注销 M49
M49	＊		＊		进给率修正旁路
M50	＊		＊		3 号切削液开
M51	＊		＊		4 号切削液开
M52～M54	＃	＃	＃	＃	不指定
M55	＊		＊		工件直线位移，位置 1
M56	＊		＊		工件直线位移，位置 2
M57～M59	＃	＃	＃	＃	不指定
M60		＊		＊	更换工件
M61	＊		＊		工件直线位移，位置 1
M62	＊		＊		工件直线位移，位置 2
M63～M70	＃	＃	＃	＃	不指定
M71	＊		＊		工件角度位移，位置 1
M72	＊		＊		工件角度位移，位置 2
M73～M89	＃	＃	＃	＃	不指定
M90～M99	＃	＃	＃	＃	永不指定

注：①＃号表示如果选做特殊用途，则必须在程序说明中说明；
②M90～M99 可指定为特殊用途。

（3）进给功能（F 功能）。

进给功能也称为 F 功能或 F 代码，它由地址符 F 及其后面的数字组成，用来指定刀具相对于工件运动的速度或螺纹导程。当 F 指进给速度时，其单位一般为 mm/min。该代码是续效代码，一般有代码指定法和直接指定法两种方法。

1）代码指定法：F 后跟两位数字，这些数字不直接表示进给速度的大小，而是车床进给速度数列的序号。

2）直接指定法：F 后跟的数字就是进给速度的大小，如 F100 表示进给速度是

100mm/min。这种指定方法较为直观，因此现在大多数车床均采用这一指定方法。按数控车床的进给功能，它也有两种速度表示法：

①切削进给速度（每分钟进给量）：对于直线轴如 F800 表示每分钟进给速度是 800mm，对于回转轴如 F12 表示每分钟进给速度为 12°。

②同步进给速度（每转进给量）：主轴每转进给量规定的进给速度，如 0.5mm/r。只有主轴上装有位置编码器的车床，才能实现同步进给速度。

（4）主轴功能（S功能）。

主轴功能也称主轴转速功能，即 S 功能，用来指定主轴的转速，由地址符 S 及其后的数字组成，单位是 r/min。例如，S1000 表示主轴转速为 1 000r/min，该指令也是模态代码。

（5）刀具功能（T功能）。

刀具功能也称 T 功能，在自动换刀的数控车床中，该指令用来选择所需的刀具，同时也用来表示选择刀具偏置和补偿。T 功能由地址符 T 及其后的 2～4 位数字组成。例如，T16 表示换刀时选择 16 号刀具。当用刀具补偿时，T16 是指按 16 号刀具事先所设定的数据进行补偿。若用四位数码指令时，如 T0204，则前两位数字表示刀号，后两位数字表示刀补号。由于不同的数控系统有不同的规定，因此具体应用时应按所用数控机床编程说明书中的规定进行。

1.2.2　数控车床加工工艺

数控车床是随着现代化工业飞速发展的需求在传统车床的基础上发展起来的。所不同的是，在数控车床上加工零件时，要把被加工的全部工艺过程及工艺参数等编制成数控加工程序，整个加工过程根据加工程序的指令要求自动进行，加工中途无须人工干预。因此，程序编制前的工艺分析、工艺处理、工艺装备选用等工作显得尤为重要。其目的是力求以相对合理的工艺过程和操作方法指导编程并顺利完成加工任务。

下面介绍数控车床加工工艺所涉及的基础知识和基本原则，了解制定数控车床加工工艺的基本特点、主要内容和工艺文件，掌握数控加工工艺分析方法，掌握数控加工工艺路线设计、工序设计及工艺卡片编写的原则，了解数控车床的常用夹具的用途，掌握数控车床的常用刀具的选用及切削用量确定的基本原则。

1. 数控车床加工工艺概述

知识微课堂

数控车床
加工工艺概述

2. 数控车削加工工艺

数控加工工艺的合理编制对实现安全、优质、高效、经济的加工具有极为重要的作用。其内容包括选择合适的机床、刀具、夹具、走刀路线及切削用量等，只有选择合适的工艺参数及切削方法才能获得较理想的加工效果。

数控车削的加工工艺与普通车床的加工工艺是相通的，在设计零件的数控加工工艺时，首先要遵循普通加工工艺的基本原则和方法，其次必须考虑数控车削加工本身的特点和零件编程要求。数控车削加工工艺的基本特点如下所述。

（1）工艺规程规范、明确。

普通车床的加工工艺是由操作者操作机床一步一步实现的，有一定的灵活性。数控车床的加工工艺是在预先所编制的加工程序中体现的，由车床自动实现。因此，数控加工工艺与普通加工工艺相比，在工艺文件的内容和格式上都有较大区别，如在加工部位、加工顺序、刀具配置与使用顺序、刀具轨迹、切削参数等方面，都要比普通车床加工工艺中的工序内容更详细。数控加工工艺必须规范、明确，要详细到每一次走刀路线和每一个操作细节，即普通加工工艺通常留给操作者完成的工艺与操作内容（如工步的安排、刀具的几何形状及安装位置等），都必须由编程人员在编程时预先确定，并写入工艺文件。

（2）加工工艺制定准确、严密。

数控车床加工过程是自动连续进行的，不能像传统加工时那样可以根据加工过程中出现的问题，由操作者适时地随意调整（例如，工件切断过程中的速度调整）。因此，在数控加工的工艺设计中必须认真分析加工过程的每一个细小环节（例如，加工内孔时，数控车床并不知道孔中是否挤满了切屑，是否需要退一次刀，待清除切屑后再进行加工），尤其是对图形进行数学处理、计算和编程时一定要做到准确无误，稍有疏忽就可能会出现重大的机械事故、质量事故，甚至人身伤害事故。

（3）可加工复杂表面。

对于一般简单表面的加工方法，数控加工与普通加工无太大的差别，尤其在轮廓形状简单的单件小批量加工中，数控车床几乎无法发挥其优势。但数控车床加工效率和加工精度更高，可加工的零件形状更复杂，加工工件的一致性更好。总之，数控车床可以胜任普通车床无法加工的、具有复杂曲面的高精度零件，是普通车削加工方法无法比拟的。

（4）可采用先进的工艺装备。

为了满足数控加工中高质量、高效率和高柔性的要求，数控加工中广泛采用先进的数控刀具、专用刀具、高效专用夹具等工艺装备。

实践证明，数控加工工艺的编制结果不是唯一的，在加工工艺的编制过程中应满足安全、高效的原则。数控加工工艺一旦确定，加工质量一般不会由于操作者不同而受到影响。造成失误的主要原因多为工艺方面考虑不周和计算、编程粗心大意。因此，编程人员除必须具备较扎实的工艺知识和较丰富的实际工作经验外，还必须具有细致、严谨的工作作风和高度的工作责任感。

3. 编制数控加工工艺规程

知识微课堂

数控加工
工艺规程

知识微课堂

工艺路线的
确定原则

1.2.3 确定进给路线的基本原则

进给路线泛指刀具从对刀点（或机床固定原点）开始运动起，直至返回该点并结束加工程序所经过的路径，包括切削加工的路径及刀具引入、切出等非切削空行程。确定进给路线的工作重点，主要在于粗加工及空行程的进给路线，因为精加工切削过程的进给路线基本上都是沿零件轮廓顺序进行的。在保证加工质量的前提下，使加工程序具有最短的进给路线，不仅可以节省整个加工过程的执行时间，还能减少一些不必要的刀具消耗及机床进给机构滑动部件的磨损等。实现最短的进给路线，除了依靠大量的实践经验外，还应善于分析，必要时可辅以一些简单的计算。

1.2.4 工艺特点和内容

工艺分析与设计是对工件进行数控加工的前期工艺准备工作，无论是手工编程还是自动编程，在编程前都要对所加工的工件进行工艺过程分析，拟定加工方案，确定加工路线和加工内容，选择合适的刀具和切削用量，设计合适的夹具及装夹方法。在编程中，对一些特殊的工艺问题（如对刀点、刀具轨迹路线设计等）也应做一些处理。合理的工艺设计方案是编制数控加工程序的依据，工艺方面考虑不周是造成数控加工差错的主要原因之一。编程人员一定要在做好工艺设计后才开始编程。工艺设计做不好，往往会造成工作反复，工作量成倍增加甚至要推倒重来。因此，编程中的工艺分析处理是一项非常复杂而重要的工作，它不仅要求编程人员具备扎实的工艺基础知识和丰富的实际工作经验，而且具有一丝不苟的工作作风。

1. 数控加工工艺特点

在普通车床上加工零件是用工艺规程、工艺卡片来指导生产，规定每道工序的操作程序，操作人员按规定的步骤加工零件。而在数控车床上加工零件时，要把这些工艺过程、工艺参数和规定数据以数字符号信息的形式记录下来，用它来自动控制车床加工。由此可见，数控车床加工工艺与普通车床加工工艺在原则上基本相同，但数控车床加工的整个过程是自动进行的，故又有其自身特点。

（1）数控车床加工的工序内容比普通车床加工的工序内容复杂。由于数控车床比普通车床价格贵，若只加工简单工序，在经济上不合算，因此在数控车床上通常安排较复杂的工序，甚至是在普通车床上难以完成的工序。

（2）数控车床加工程序的编制比普通车床工艺规程的编制要复杂得多。这是因为在普通车床的加工工艺中不必考虑的问题，如工序内的工步安排，对刀点、换刀点、走刀路线的确定，以及切削用量、刀具的几何形状等，都必须事先具体设计和确切选择。

此外，相对于普通车床工艺规程来说，数控加工工艺设计必须准确且严密。数控车床加工不能像普通车床加工时可根据加工过程中出现的问题由操作者自由调整。例如加工内螺纹时，在普通车床上，操作者可以随时根据孔中是否挤满了切屑来决定是否需要退一下刀或者先清理一下切屑再继续加工，而数控车床则完全按事先编好的程序自动进行加工。因此，在数控加工工艺设计中必须注意加工过程中的每一个细节，做到万无一失。

2. 数控加工工艺的主要内容

数控加工工艺主要包括以下几方面的内容：

（1）选择并确定适合在数控车床上加工的零件及内容。

（2）对零件图纸进行数控加工工艺分析，明确加工内容和技术要求。

（3）具体设计加工工序，选择刀具、夹具及切削用量。

（4）处理特殊的工艺问题，如对刀点和换刀点的确定、加工路线的确定、刀具补偿等。

（5）处理数控车床上部分工艺指令，编制数控加工工艺文件并归档。

3. 数控加工工艺文件

数控加工工艺文件的编制是数控加工工艺设计的内容之一。这些技术文件既是进行数控加工的依据，也是需要操作者遵守和执行的规程，同时还为零件重复生产积累了必要的工艺资料，做好了技术储备。数控加工工艺文件包括数控加工工序卡、数控加工刀具明细表、数控车床调整单、数控加工进给（走刀）路线图、数控加工程序单等。

对于不同的数控车床，工艺文件的内容有所不同，为了加强技术文件管理，数控加工工艺文件也应向标准化、规范化的方向发展。但目前尚无统一的国家标准，各企业可根据本部门的特点制定上述相关工艺文件。

4. 数控编程的内容与步骤

数控车床是由普通车床发展而来的，它们之间的根本区别在于数控车床是按照事先编制好的加工程序自动地完成对零件的加工，而普通车床是由操作者按照工艺规程通过手动操作来完成对零件的加工。

数控加工程序编制，就是把加工零件的工艺过程、工艺参数、刀具的运动轨迹、位移量、切削用量以及其他辅助动作（如换刀，切削液开、关与主轴正、反转等）按照数控车床规定的指令代码及程序格式编写成加工程序单，把这一程序单中的内容记录在存储介质（如穿孔纸带、磁盘等）上，输入数控装置中，从而指挥车床加工零件。这种从零件图的分析到制成控制介质的全部过程叫做数控程序的编制。

　　数控车床加工零件的指令和效率，在很大程度上取决于所编程序的优劣。相比较而言，普通车床加工的质量与效率，主要与技术工人的操作熟练程度有很大关系。理想的加工程序不仅要保证能加工出符合图样要求的合格零件，还应使数控车床得到充分、合理的应用。一般来说，理想的零件加工程序应达到这样的要求标准：正确合理、优质高效且安全可靠。

任务 3　数控车床技能实训

实训 1　数控车床操作面板（FANUC 0i Mate-TC）

实训目的

　　（1）掌握面板上的键、钮及开关的名称、含义和应用场合。

　　（2）科学使用键、钮，掌握开关机操作过程。

　　（3）能严格遵守生产规章制度，爱护设备，养成良好的职业习惯。

　　（4）掌握先进的制造技术，勇于创新，培养精益求精的工匠精神。

微课视频

数控加工仿真
软件操作

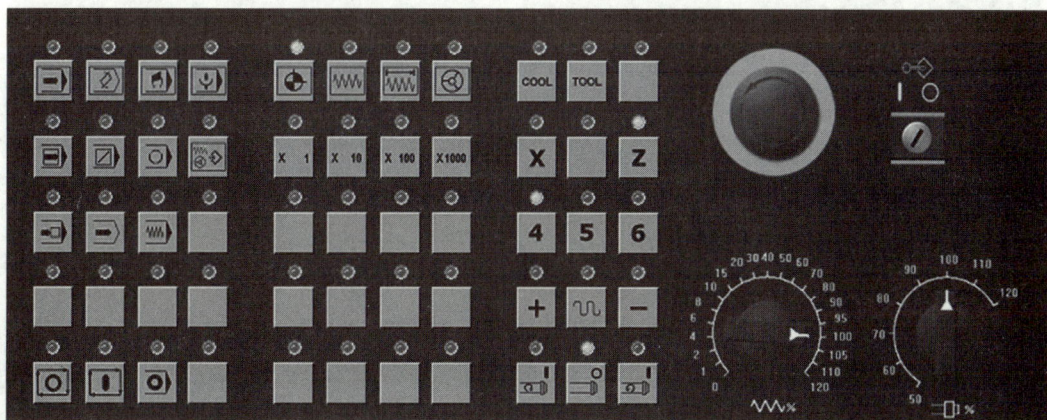

实训设备、材料及工具

　　数控车床。

实训内容

　　FANUC 系统数控车床系统操作面板如图 1-23 所示，控制操作面板如图 1-24 所示。

图 1-23　系统操作面板

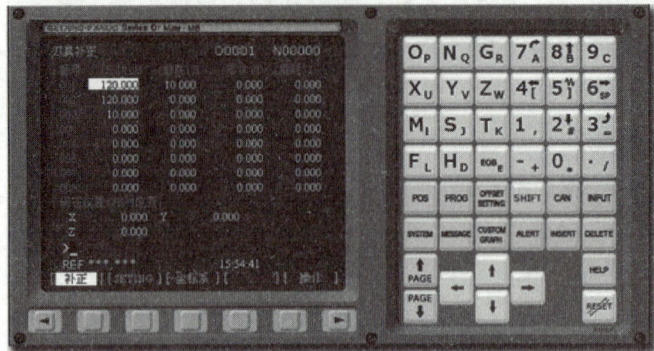

图 1-24 控制操作面板

1. 系统操作面板功能键的说明

(1) 重设键［RESET］：可中止加工程序的运行和取消报警。

(2) 帮助键［HELP］：系统显示操作步骤简要提示画面。

(3) 切换键［SHIFT］：用于键上字母的切换。

(4) 输入键［INPUT］：用于 MDI 状态的程序和参数输入等操作。

(5) 修改键［CAN］：用于清除输入区内的数据。

(6) 切换键［ALTER］：用于输入的数据代替光标所指的数据。

(7) 插入键［INSERT］：输入程序和把输入区中的数据插入当前光标之后的位置。

(8) 删除键［DELETE］：删除光标所指的数据，删除一个加工程序，删除系统程序存储器中所有加工程序。

(9) 位置显示键［POS］：显示相对、绝对、车床坐标的页面。

(10) 程式键［PROG］：显示加工程序和程序存储器的页面。

(11) 参数输入页面键［OFS/SET］：显示刀具补正或设定页面。

(12) 系统参数键［SYSTEM］：显示系统参数、参数的设定等画面。

(13) 报警信息键［MESSAGE］：显示报警信息画面。

(14) 宏画面/刀路显示键［CSTM/GR］：显示用户宏画面、刀路和刀路参数。

(15) 光标移动键［CURSOR］：可移动光标、快速找寻相关数据。

(16) 翻页键［PAGE］：可进行向上、向下翻页查寻程序。

(17) 换行键［EOB］：分号（；），用于程序语句的结束或换行。

(18) 数字/字母键：用于参数设定、加工程序编写。

2. 控制操作面板功能键的说明

模态键：

(1) 编辑状态［EDI］：选此状态，可以编辑、修改、删除、传输程序。

(2) 自动状态［AUTO］：选此状态，系统可以根据加工程序控制刀具和工件动作来自动加工零件。

(3) 手动输入状态［MDI］：选此状态，可以编写简单程序，但不能存储，使用寿命仅一次。

（4）手动状态［JOG］：选此状态，可使车床单轴连续移动进行切削，也可用于对刀。

（5）手摇状态/手轮状态：选此状态，可移动车床单一轴进行试切，常用于对刀。

（6）回零状态：选此状态，可进行车床轴回参考点操作。

3. 其他键/钮的说明

（1）单节/单段键：此键仅在自动状态下有效，控制程序一句一句地运行。

（2）主轴旋转键：正转、反转、停止三个按键，在手动状态下若按正转键则主轴会正转。若把正转切换成反转，则操作中必须按停止键方可切换。

（3）系统循环启停键：循环启动键用于程序在自动和 MDI 状态下的启动运行。循环停止键用于程序在自动和 MDI 状态下的停止运行。

（4）主轴转速调整旋钮：当主轴转速为 1 000r/min 时，调整旋钮箭头指向 90 时，主轴转速降为 900r/min；调整旋钮箭头指向 120 时，主轴转速升为 1 200r/min。

（5）超程释放键：用于车床轴超程场合。当车床超程报警时，按下此键方可移动车床任一轴。

（6）进给倍率调整旋钮：用于调整手动进给倍率和程序中 F 值，用法与主轴转速调整旋钮一样。

（7）手轮/快速进给倍率键：一共有 4 挡。×1/F0 为移动最慢挡，×1 000/100％为移动最快挡。

（8）急停旋钮：当车床发生意外时，按下此键，车床所有轴立即停止运动。

（9）系统电源开关键：用于开关数控系统。绿色□键为开键，红色□键为关键。停机前先关系统电源后关车床总电源。

（10）数据保护锁：用来控制程序和参数写入/修改/输出。0 位为关，不可写入；1 位为开，可写入。

（11）车床锁/空运行键：用于程序校对场合，两键同时按下时，程序运行，但机床移动轴不动作。

（12）冷却/润滑键：手动控制泵开/关。按下此键，若泵工作，再次按下，泵就停止工作。

（13）手动选刀键：手动控制刀库动作。在手动/手轮状态下，每按此键一次，刀库就会旋转一个刀位。

（14）手动进给键：用于手动状态，移动刀具切削工件/快速移动刀库。按下−Z 键不放，刀具可切削工件。同时按下−Z 键和快移键，Z 轴会快速向负方向移动。

4. 数控车床开关机操作

（1）开机：车床总电源空开（推上）→车床侧空开（推上）→系统电源启动键（按下）→急停键（旋开）→选择手轮状态移动 Z、X 轴，由正向负方向移动 50mm 以上（必须先移 Z 轴后移 X 轴，否则刀库与尾座发生碰撞）→选择回零状态（进行回零操作，先回 X 轴后回 Z 轴。按住＋X 键不放，直到车床坐标变零时才可放开。Z 轴同样操作）→车床进入待命工作状态。

（2）关机：选择回零状态进行车床回零操作（防止车床导轨负载变形）→急停键（按下）→系统电源关闭键（按下）→车床侧空开（拉下）→车床总电源空开[拉下]→车床进入关机状态。

实训步骤

（1）学习并熟记键、钮的含义和适用场合。

（2）进行开、关操作训练，掌握常用键、钮应用技巧。

注意事项

（1）车床在加工运行中，功能画面显示键可随意按下进行画面切换（例如：POS→PRG）。模态键不可随意切换，否则会损坏刀、夹具等。

（2）车床在运行中发生报警时一定不能过分紧张，首先应按下急停键快速停机，然后再分析原因，解除报警后方可继续操作。

（3）开、关机两个动作要间隔3min，不要连续频繁开、关机。

（4）严格遵守数控车床相关操作规程，要特别注意不能用指甲来击键/钮。

实训2 数控车刀安装及对刀操作

实训目的

（1）了解刀具安装的基本知识。

（2）掌握刀具刀杆选择的相关计算。

（3）掌握刀具安装操作及技巧。

（4）掌握工件加工坐标系建立操作全过程。

（5）掌握对刀误差的控制。

（6）能严格遵守生产规章制度，爱护设备，养成良好的职业习惯。

（7）掌握先进的制造技术，勇于创新，培养精益求精的工匠精神。

实训设备、材料及工具

（1）数控车床。

（2）游标卡尺0～150mm，外径千分尺0～25mm、25～50mm、50～75mm，深度尺0～150mm。

（3）外圆车刀、切槽刀、外螺纹刀、内孔车刀。

（4）零件毛坯。

实训内容

（1）外圆车刀刀杆的中线应与进给方向垂直，内孔车刀刀杆的轴线应与进给方向平行，以保证刀片主/副偏角不变，确保刀尖加工时与工件加工面是点或较短线段接触。

（2）避免在加工中产生振动，车刀刀杆伸出的长度越短越好，但要满足加工需求。车刀刀杆伸出的最大长度为刀杆厚度或直径的3倍。假设加工时要超过3倍，此时刀杆必须进行相关热处理，来确保刀杆的刚度。

（3）通过观看机床的型号明白机床的中心高。

例如：数控车床 CAK6140 的中心高应为 $40/2 \times 10 = 200$（mm）（进口数控车床代号与国产不一样，要查看设备配套资料）。刀杆至少要用两个螺钉压紧，并要轮流拧紧螺钉。为确保刀尖与工件回转中心等高，可以用垫片来调整刀尖的高度。垫片要平直，使用数量不能过多。刀具安装中心高允许误差为 ± 0.05mm。

（4）小直径刀杆在较大型设备上使用，不能使用多个刀套来安装，以免刀具安装不稳定，相对位置失真。

（5）要根据车床刀库的型号和工件加工图纸来选择合适的刀杆。尤其内孔刀杆一定看清图纸是通孔、盲孔还是工件材料孔。粗加工内孔刀杆直径大小一般根据工件材料孔来确定，刀杆直径一般小于工件材料孔径 2～3mm 即可。精加工通孔刀杆直径一般小于图纸所标孔径 5～6mm。精加工盲孔刀杆直径为图纸所标孔径的一半再减去4～5mm。

（6）选择刀杆和刀片时，要根据加工的实际需求合理选择，避免过度增加工件加工成本。

（7）常用数控车刀安装方法如图 1-25 所示。

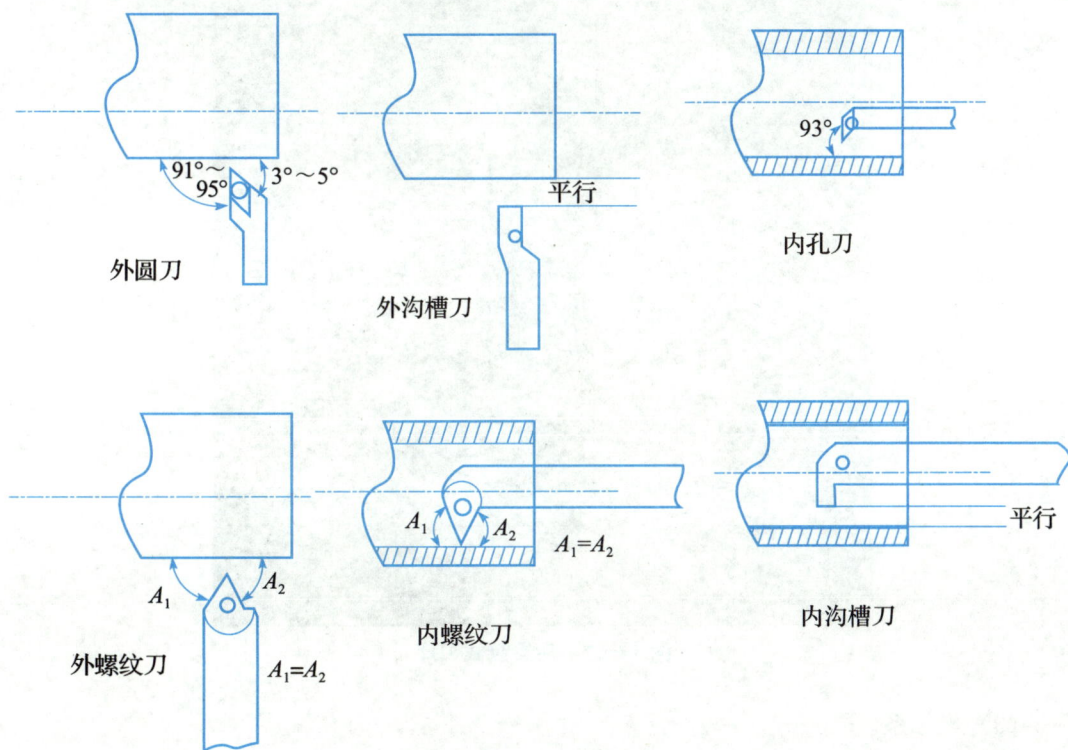

图 1-25　常用数控车刀安装方法示意图

（8）常用数控车刀安装实物如图 1-26 所示，后置盘式刀库如图 1-27 所示。

图 1-26　车刀安装图

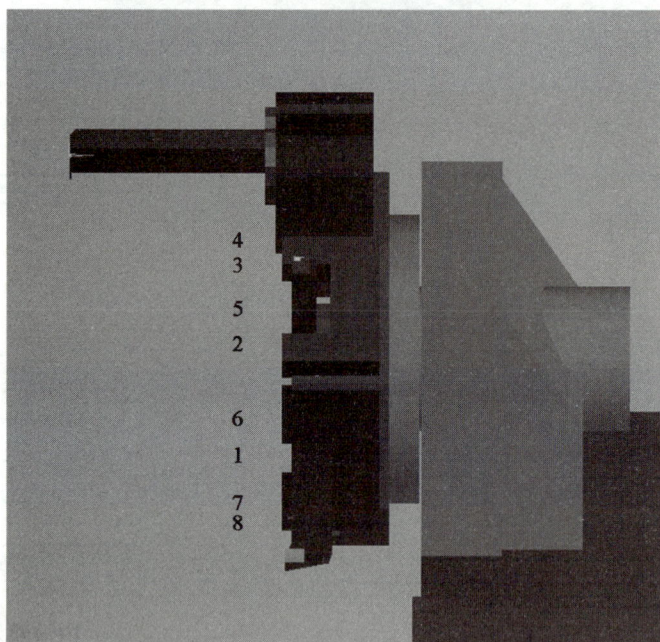

图 1-27　后置盘式刀库

（9）坐标系。

工件加工坐标系也称编程坐标系，供编程和操作人员使用。操作人员选择工件上的某一已知点为工件加工坐标系原点，建立一个新的坐标系。工件加工坐标系原点的确定是通过对刀来进行人机交流的。

工件加工坐标系原点建立原则：

1）工件加工零点应选放在工件设计的基准上，这样可以直接用图纸标注的尺寸作为编程点坐标值，减少相关尺寸计算量和尺寸计算累积误差；

2）能使工件方便地装夹、测量和检验；

3）工件加工零点尽量选择在尺寸精度较高、粗糙度比较低的工件表面上，以提高加工精度和工件的互换性；

微课视频

数控车床对刀

4）对于几何形状对称的零件，工件加工零点最好选择在对称中心上。

工件端面余量＝工件毛坯总长－零件图上标注的总长。通常在实际加工中端面余量（以下简称端余）不能平分。先加工端面的余量要少，满足加工即可。多余的量留给后加工端面，这样可降低工件的报废率。

工件加工坐标系原点建立过程通称定点对刀。对刀示意图如图 1-28 所示。

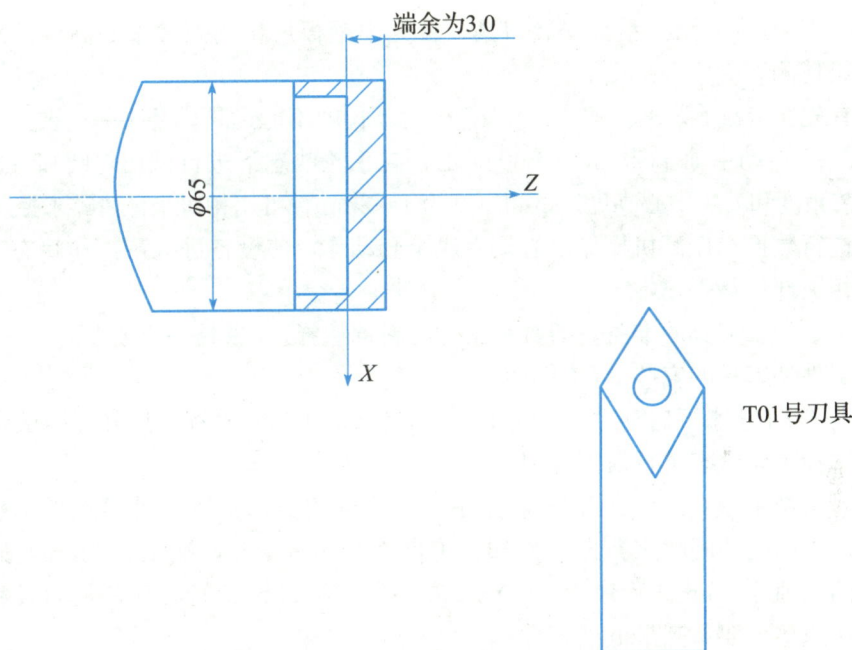

端余为3.0

$\phi 65$

Z

X

T01号刀具

图 1-28　对刀示意图

（10）对刀操作过程：

1）用外圆车刀先试车一外圆，记住当前 X 坐标，测量外圆直径后，用 X 坐标减外圆直径，所得的值输入刀补界面的几何形状 X 值里。

2）用外圆车刀先试车一外圆端面，记住当前 Z 坐标，输入刀补界面的几何形状 Z 值里。

具体操作如下：

开机（全套动作）→选择在 MDI 状态下启动主轴（M3 S500 使用前刀库时用 M4）→选择手轮状态加工出一个光滑的端面（假设端余为3mm，使用刀具为 G 01，字母 G 是形状一词的英文缩写）→移动 X、Z 轴使刀尖接触工件端面，然后只移动 X 轴使刀具远离工件表面→按 OFS 键找到刀具几何补正画面，把光标移动到 G 01 上。再写 Z3.0，然后按 LCD 下面显示的测量键输入（或按 INPUT 键输入，要根据系统设定）→移动 X、

Z 轴使刀尖接触工件外圆面→移动 Z 轴使刀尖离开外圆面→移动 X 轴，向工件旋转中心移动 2～3mm→移动 Z 轴进行外圆切削，切削长度为 5～10mm，便于测量即可。反向只移动 Z 轴使刀具离开外圆面→按 RESET 键使主轴停转，用量具测量工件直径（假设直径为 60mm）→按 OFS 键找到刀具几何补正画面，把光标移动到 G 01 上。再写 X60. 然后按 LCD 下面显示的测量键输入（或按 INPUT 键输入）。这样原点、刀具位置都告诉了系统，T01 号刀对刀操作完毕。同时工件加工坐标系也建立完毕。刀具几何补正画面上，T01 后出现新的数值，此值是系统根据机床坐标、工件加工坐标系原点、刀具位置点自动计算出来的，操作人员可不管，但要确保所输入的 X、Z 字母后面数值正确无误。

注意：工件在实际加工中不可能只用一把刀，要用多把和多种刀具。对刀具体操作过程与上述一致。

实训步骤

（1）用刀架/内六角扳手来安装刀具，首先用钢板尺粗测刀尖中心高度，然后用高度游标卡尺精测刀尖中心高度。

（2）首先在卡盘上装夹一段实心 PVC 棒材，长度不能过长，装夹一定要牢靠。然后在 MDI 状态下启动主轴［G97 M3 S500］。必须在手轮状态下进行试切外圆和端面来验证刀具的安装角度和刀尖中心高度。试切厚度为 1～2mm，可用相对坐标清零来控制。

（3）进行数控车床开机操作。必须完成全套动作，使设备进入待工作状态。同时要检查车床相关部件是否正常。

（4）工、量、夹具的准备，刀具和工件材料的选择。（量具一定要校对。）

（5）工件和刀具的安装。（工件要装夹牢靠。）

（6）在 MDI 状态下启动主轴。按 POS 键找到车床相对坐标，用其控制试切量。

（7）选择手轮状态进行对刀练习。

（8）对刀结果校对。可在 MDI 状态下写程序使刀具移动到工件原点外，然后观察刀尖与工件表面间的间隙来判断。例如：工件直径为 50mm，端余为 5mm，刀尖与工件表面间的间隙为 4mm。程序为 G0 X58. Z9. ；。按启动键运行程序，使刀具移动。车床移动的快速倍率要调到最低挡。

注意事项

（1）在试切过程中，要认真观察其他刀具与车床附件是否相碰。

（2）设备配备盘式刀库，在安装内孔刀时一定要特别注意。不要只想到刀杆伸出长度而忽略刀杆尾段与刀库座干涉。一旦刀库做换刀动作，将给刀库带来很大程度的破坏，同时还有可能发生人身事故。

（3）施加在刀具刀杆压紧螺钉上的力一定要适中，否则刀具加工一段时间后螺钉无法旋下。

（4）在使用盘式刀库，安装刀具选位时一定要考虑刀库的静平衡，否则会影响刀库的定位精度。

（5）通常，刀具厂家设计的刀杆长度较长，在实际使用中要将多余的部分去除，否则会影响刀杆使用时的刚度。

实训 3　数控车床程序编辑

实训目的

（1）掌握程序的基本组成。

（2）掌握上机手工操作程序的找寻、输入、修改和删除。

（3）能严格遵守生产规章制度，爱护设备，养成良好的职业习惯。

（4）掌握先进的制造技术，勇于创新，培养精益求精的工匠精神。

实训设备、材料及工具

（1）数控车床。

（2）游标卡尺 0～150mm，外径千分尺 0～25mm、25～50mm、50～75mm，深度尺 0～150mm。

实训内容

1. 程序的组成

程序是为了使车床能按人的要求运动加工出合格零件而编写的数控指令的集合。程序由三大部分组成：程序名、程序内容、程序结束语。程序内容由程序段组成，程序段由一个或多个字组成，字由地址符和数字组成。程序有主、副之分。例如：在程序 O0099 中有某一段话多次出现，把此段话移出程序 O0099 重新命名作为一个新程序，号码为 O0077，那么 O0077 相对于 O0099 来说，O0077 是副程序/子程序，O0099 是主程序。下面是一个工件加工程序案例。

> 微课视频
>
> 数控车床编程基础

```
O0009;(用户定义1)          程序名
N5 G50 S2000;
N10 T0505;(用户定义2)
N15 G96 S150 M3;
N20 G0 X0 Z2.M8;
N25 G1 Z0 F0.15;
N30 X30.;                  程序具体内容(N5→N55)
N35 X34.W-2.;
N40 Z-50.;
N45 X60.;
N50 G0 X150.Z100.M9;
N55 G28 U0 W0 M5;
N60 M30;                   程序结束语
```

用户定义 1 通常编写的内容为工件名、制作者名、制作日期等。

用户定义 2 通常编写的内容为刀具名称、加工项目、刀片材质、刀片规格及生产厂家。

写好用户定义不仅给操作者带来很大的操作便利，而且对以后再次使用程序，从程序存储的计算机中找寻也带来方便，大大提高了工作效率。

用户定义的内容必须用小括号括起来，否则系统要运行其内容会发生意外或报警。（用英文写）

程序中 N5、N15 等语句顺序号是受参数控制的，在实际制程中已不使用。编程时关闭其参数，避免浪费程序存储器的有限空间。

2. 程序名

系统程序存储器可存储多个程序，为相互区分，在程序的一开始必须有程序名。程序名由英文字母 O 和其后的 4 个阿拉伯数字组成，制程可选择的范围是 O0001～O9999。

3. 程序输入相关操作

程序的输入、修改、删除、查找、调出等都必须在编辑状态下，且 LCD 上显示的画面是程序画面、数据保护锁是打开状态。

（1）程序的输入：程序名（如：O0008）在 LCD 下面用数字和字母键写出 O0008 后按 INS 键，系统会自动调出一个空白空间→用 INS 键把程序的具体内容输入程序存储器中（可以一个字一个字地输入，也可以一句话或几句话一起输入。例如 X50. 的输入，先写 X50. 后按 INS 键即可。再如 G1 X25. Z2.0 F0.15；/G0 X0 Z2.；G1 Z0F0.2；X100.；的输入，同样先写 G1 X25. Z2.0 F0.15；/G0 X0 Z2.；G1 Z0 F0.2；X100.；后按 INS 键进行输入）→最后输入程序结束语。

在准备输入程序名号码前应按 PRG 键查看程序存储器的已存程序名号码与其是否相同。若相同则必须改号，否则系统会报警。（按 PRG 键一次，LCD 上显示 PRG 画面；再次按 PRG 键一次，LCD 上就会显示程序存储器的存储画面。）

（2）程序的修改：在写程序时，如写 X50. 未按 INS 键就发现写错，此时应按 CAN 键进行清除，重写后再按 INS 键重新输入。若想把 G1 X40. Z−55.3 R6. F0.3；句中的 Z−55.3 修改为 Z−52.，则先把光标移动到 Z−55.3 的下面，写好 Z−52. 后再按 ALT 键即修改完毕，Z−55.3 变成 Z−52.。若想把句中的 R6. 删掉，则先把光标移动到 R6. 的下面后按 DEL 键即可。

（3）程序的删除：删除 O0081 一个程序，先写 O0081 后再按 DEL 键即可。若写 O−9999 后再按 DEL 键，则删除存储器中的所有程序。

（4）字、句的查找：若想找出一个程序中的一个字，则先写好想找的字后按向上或向下的光标键，LCD 上很快显示出字，光标自动移动到字的下面。若想找寻一句话，则先找出句中的特别字，然后写出，再按向上或向下光标即可。

（5）程序的调出：如果想从存储器中调出 O0011 程序，那么先写 O0011 后按一次向上或向下的光标键即可。

注意：使用 PAGE 和 CURSOR 两个键来找寻也可以，但速度慢。

⊕ 实训步骤

（1）学习程序的组成格式。

（2）上机操作练习。

注意事项

由于面板上字母和数字键在一起且排列位置与计算机键盘不一样，因此编程时只能用右手的食指来操作，其他手指收起，这样可以降低误碰键频率。

实训 4 外圆端面加工

实训目的

（1）了解、掌握刀具的移动路线。

（2）掌握常用切削参数的实际应用。

（3）掌握工件加工程序的编写。

（4）掌握工件加工相关操作的全过程。

（5）能严格遵守生产规章制度，爱护设备，养成良好的职业习惯。

（6）掌握先进的制造技术，勇于创新，培养精益求精的工匠精神。

实训设备、材料及工具

（1）数控车床。

（2）游标卡尺0～150mm，外径千分尺0～25mm、25～50mm、50～75mm，深度尺0～150mm。

（3）外圆车刀、切槽刀。

（4）零件毛坯。

实训内容

（1）工件装夹伸出长度应为图纸上所标注的加工长度＋工件实际的端余＋安全距离（3～5mm）。

（2）一般工件都要进行粗、精加工，以确保工件加工质量的稳定性。

（3）轴类工件加工通常先端面后外圆，以便减少刀具断续切削的次数，提高刀具的使用寿命，降低加工成本。

（4）影响工件加工尺寸波动的因素通常有车床本身的刚度和间隙、刀具的刀杆的刚性和刀尖的锋利程度、工件材质的硬软程度、对刀的误差、夹具的重复定位精度等。

（5）对于一批工件的首件加工，车床的快速倍率必须选在最低挡，单段程序键打开；精车刀的磨耗补正须放大0.3～0.5mm。精车程序一定要运行2次，以免其他因素影响尺寸，降低加工的合格率。

（6）工件加工相关的基本流程：看工件加工图纸和工件毛坯，定加工工艺→选择车床和夹具→选择刀具和测量工具→程序制作→相关夹具、刀具的安装及调试，工件毛坯的装夹→首件工件试加工→加工结果全面检测，总结分析→工件进入批量生产阶段。

（7）常用功能码（G）的含义及实际应用场合：

1）G00：快速定位。用于刀具从非加工区快速移动到待加工区场合。其移动速度受车床档次高低和参数控制，不受F值控制，G00为模态指令，下一指令还是G00时可以省略。参数常设范围为6～24m/min。

指令 G00、G01

编程格式：

绝对值编程：G00 X __ Z __；

增量值编程：G00 U __ W __；

其中：

X，Z 表示绝对坐标值。

U，W 表示增量坐标值。

G00 码应用案例

如图 1-29 所示，刀具从 B 点快速移动到 A 点。假设刀尖 B 点与 A 点 X 方向的距离为 20mm，Z 方向的距离为 18mm。

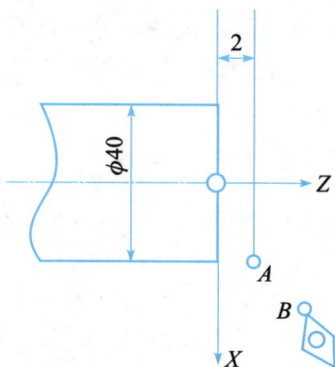

图 1-29　零件图

绝对值编程：G00 X40. Z2.0；

增量值编程：G00 U-20.0 W-18.；

混和值编程：G00 X40. W-18./G00 U-20. Z2.0；

2）G01：直线切削。用于刀具切削移动轨迹为直线的场合，如内外圆柱面、内外圆锥面、45°角加工等，其进给速度受 F 值控制。G01 为模态指令，下一指令还是 G01 时可以省略。如果没有指定 F 值，则进给速度为零。若想改变进给速度，则必须重新指定 F 值。

编程格式：

绝对值编程：G01 X __ Z __ F __；

增量值编程：G01 U __ W __ F __；

其中：

X，Z 表示绝对坐标值。

U，W 表示增量坐标值。

F 表示切削进给量。

G01 码应用案例

（1）如图 1-30 所示，假设工件毛坯直径为 50mm，材质为 45 号钢。

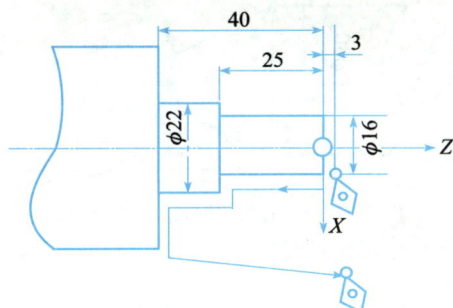

图 1-30 零件图

工件精加工程序如下：

绝对值编程：

```
O0009;
G50 S1500;
T0202 M3;
G96 S280 M8;
G0 X16.Z3.;
G1 Z-25.F0.12;
X22.;
Z-40.;
X50.;
G0 X200.Z200.;
G28 U0 W0 M5;
M9;
M30;
```

增量值编程：

```
O0008;
G50 S1500;
T0202 M3;
G96 S280 M8;
G0 X16.Z3.;
G1 W-28.F0.12;
U6.;
W-15.0;
U28.;
G28 U0 W0 M5;
M9;
M30;
```

（2）如图 1-31 所示，假设工件材质为 45 号钢，刀具从 A 点切削到 C 点。刀尖点与工件加工原点 X、Z 方向的距离都为 100mm。

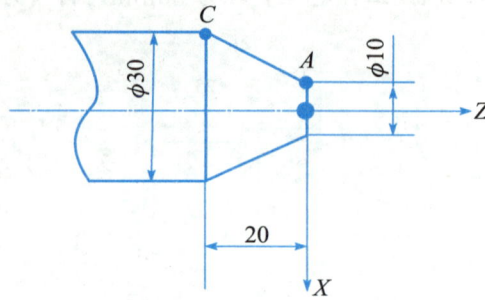

图 1-31　零件图

工件精加工程序如下：

绝对值编程：

```
O0011;
G50 S2000;
T1111 M3;
G96 S300 M8;
G0 X10. Z2.;
G1 Z0 F0.10;
X30.Z-20.;
G0 X100.Z100.;
G28 U0 W0 M5;
M9;
M30;
```

增量值编程：

```
O0016;
G50 S2000;
T1111 M3;
G96 S300 M8;
G0 X10. Z2.0;;
G1 W-2.0 F0.10;
U20.W-20.;
G28 U0 W0 M5;
M9;
M30;
```

（8）实训案例。

零件图如图 1-32 所示。

微课视频

90 度外圆车刀
对刀方法

图 1-32 零件图

假设工件毛坯材质为 45 号钢，直径为 50.0mm，端余为 2.0mm。工件加工坐标系设置如图 1-32 所示。

工件加工程序（单一码制程）如下：

O0007（用户定义略）；→工件加工程序名

G50 S2000；→工件加工时主轴最高转速为 2 000r/min

T0202 M3（用户定义略）；→选 2 号刀为粗车刀，主轴正转

G96 S150；→粗车时线速度为 150m/min

G0 X55. Z1.0 M8；→端面初次切削加工定位准备，冷却液开

G1 X0 F0.15；→端面首次切削加工，走刀量为 0.15mm/r

G0 X55. Z3.；→端面首次加工完毕退刀

Z0.1；→端面再次切削加工定位准备

G1 X0；→端面第二次切削加工

G0 X47. Z2.；→端面粗加工任务完成退刀，外圆第一次粗加工切削定位准备

G1 Z-14.9 F0.2；→外圆第一次切削加工，走刀量为 0.2mm/r

G0 X55. Z2.；→外圆第一次切削完成退刀

X44.；→外圆第二次切削加工定位准备

G1 Z-14.9；→外圆第二次切削

G0 X55. Z2.；→外圆第二次切削完成退刀

X41.；→外圆第三次切削加工定位准备

G1 Z-14.9；→外圆第三次切削

G0 X200. Z200.；/G28 U0 W0；→粗车刀完成任务就近退刀/退到机床零点

T0505 M3（用户定义略）；→选 5 号刀为精车刀（M3 是为了第二次只运行精车程序方便所加）

G96 S300；→精车时线速度为 300m/min

G0 X0 Z2.；→精车刀切削定位准备

G1 Z0 F0.1；→精车刀切削移动到工件加工原点，走刀量为 0.1mm/r

X40.；→精车工件端面

Z—15.；→精车工件外圆

X55.；→精车工件端面

G0 X200. Z200. M9；/G28 U0 W0 M9；退刀，退到机床零点，关闭冷却液

M5；→主轴停转

M30；→主程序结束语

实训步骤

（1）做好工件加工前的准备工作。

（2）上机独立操作练习。

（3）工件加工结果的分析、总结。

注意事项

（1）在操作车床加工工件运行时，注意力要高度集中。

（2）在一段程序运行完毕后，要迅速再次按一下程序启动键，避免给刀尖带来不必要的磨损。

（3）在加工钢件时严禁用手去清除工件/车床上的带状切屑，避免带来人身伤害。

（4）车床在加工工件中发生异常时要快速按下急停键终止其动作，避免事故的扩大。

（5）编程时两个 M 码不能在一段程序中同时出现，否则系统报警。

同步训练

工量刃具准备单

一、材料准备						
材　质	铝合金或45号钢		尺　寸		数　量	1件

二、设备、工具、刀具、量具						
序号	分类	名称	尺寸规格	单位	数量	备注
1	设备	数控车床		台	1	
2	刃具	外圆车刀		把	2	
		外螺纹刀		把	1	
		切断刀		把	1	
3	工具系统	刀具扳手		套	1	相配的弹性套
4	工具	锉刀		套	1	
		铜片			若干	
		夹紧工具		套	1	
		刷子		把	1	
		油壶		把	1	
		清洗油			适量	
		粗糙度样板	N0～N1	副	1	
		紫铜棒		根	1	
5	量具	0～150mm 游标卡尺		把	1	
		百分表		只	1	
		磁性表座	0～5mm	套	1	
6	其他	草稿纸			适量	
		计算器		个	1	
		工作服		套	1	
		护目镜		副	1	

车削外圆端面

序号	质检内容		配分	评分标准
1	外圆公差	三处	10×3	超 0.01 扣 2 分
2	外圆 Ra3.2	三处	6×3	降一级扣 3 分
3	长度公差	三处	4×3	超差不得分
4	倒角	两处	3×2	不合格不得分
5	平端面	两处	4×2	不合格不得分
6	清角去锐边	四处	2×4	不合格不得分
7	工件完整		5	不完整扣分
8	安全操作		10	违章扣分

要求：不准用锉刀及砂布。

材料	毛坯	时间
45	$\phi 50 \times 150$	

实训 5　车锥面加工训练

实训目的

（1）熟练掌握数控车削圆锥的基本方法。

（2）按数控车削要求，掌握圆锥工件加工的相关工艺知识和编程知识。

（3）通过给定的程序和工艺分析，掌握粗、精车车削工件的工艺路线、刀具选用和切削用量的确定。

（4）分析质量异常的原因和解决途径。

（5）能严格遵守生产规章制度，爱护设备，养成良好的职业习惯。

（6）掌握先进的制造技术，勇于创新，培养精益求精的工匠精神。

实训设备、材料及工具

（1）数控车床。

（2）游标卡尺 0～150mm，外径千分尺 0～25mm、25～50mm、50～75mm，深度尺 0～150mm，万能角度尺。

（3）外圆车刀、切槽刀。

（4）零件毛坯。

实训内容

1. 快速点定位 G00

该指令使刀具以点定位控制方式，从当前位置快速移动到坐标系中另一指定位置。它适用于刀具进行快速定位，无运动轨迹要求。

格式：G00 X __ Z __；

绝对坐标：X __ Z __

相对坐标：U __ W __

2. 直线插补 G01

该指令控制刀具从当前位置按指定的进给速度沿直线移动到坐标系中指定的另一位置，适用于加工内外圆柱面、内外圆锥面、切槽、切断工件及倒角等。

格式：G01 X(U)__ Z(W)__ F __；（其中 F 是续效指令）

3. G01 的倒角和倒圆功能

G01 的倒角和倒圆功能可以在两个相邻轨迹的程序段之间插入直线倒角或圆弧倒角。

指令格式：G01 X(U)__ Z(W)__ C __；（直线倒角）

　　　　　G01 X(U)__ Z(W)__ R __；（圆弧倒角）

4. 圆弧插补 G02、G03

该指令控制数控车床在各坐标平面内执行圆弧运动，将工件切削出圆弧轮廓。该指令使刀具从圆弧起点沿圆弧移动到圆弧终点。

（1）指令格式：

G02(G03) X(U)__ Z(W)__ I __ K __ F __；

微课视频

圆弧指令
G02、G03

G02（G03）X（U）＿ Z（W）＿ R ＿ F ＿；

其中：

G02：顺时针（CW）。

G03：逆时针（CCW）。

X，Z：坐标系里的终点坐标。

U，W：起点与终点之间的距离。

I，K：从起点到中心点的矢量（半径值）。

（2）方向判别：沿着垂直于圆弧所在平面的坐标轴（Y 轴）负方向看，顺时针为 G02，逆时针为 G03。

5. 指令应用

该循环指令主要用于圆柱面和圆锥面的循环切削。

（1）外径、内径切削循环指令。

指令格式：

G90 X（U）＿ Z（W）＿；

（2）圆锥内、外径切削循环指令（锥面切削循环）。

指令格式：

G90 X（U）＿ Z（W）＿ R ＿ F ＿；

刀具循环路径如图 1-33 所示。

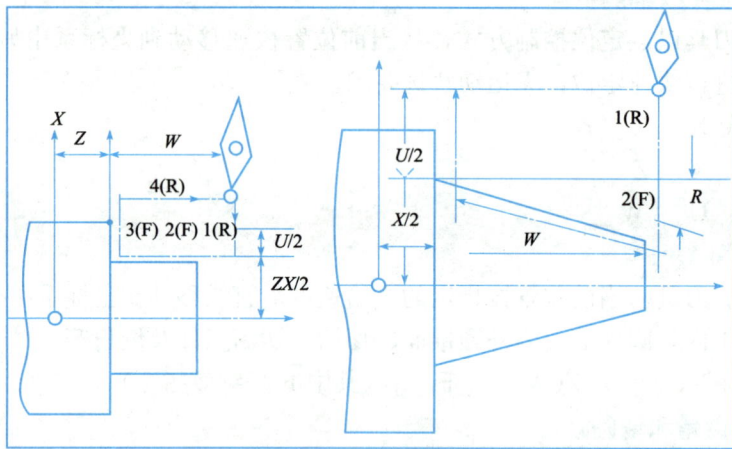

图 1-33　刀具循环路径

编程格式：

外圆/内孔面加工：G90 X（U）＿ Z（W）＿ F ＿；

其中：

X，Z：每刀切削终点的绝对坐标值。

U，W：每刀切削终点的增量坐标值。

F：切削进给量。

内、外锥面加工：G90 X（U）＿ Z（W）＿ R ＿ F ＿；

其中：

X，Z：每刀切削终点的绝对坐标值。

U，W：每刀切削终点的增量坐标值。

F：切削进给量。

R：圆锥大小端直径差值的一半。

注意：R 有正/负值之分，当切削起点的 X 坐标值小于终点的坐标值时，R 值为负值，反之为正值。以后在其他码中只要表示锥度，判断的方法一样。

G90 码应用案例

（1）外圆面加工如图 1－34 所示，假设工件材质为 45 号钢。

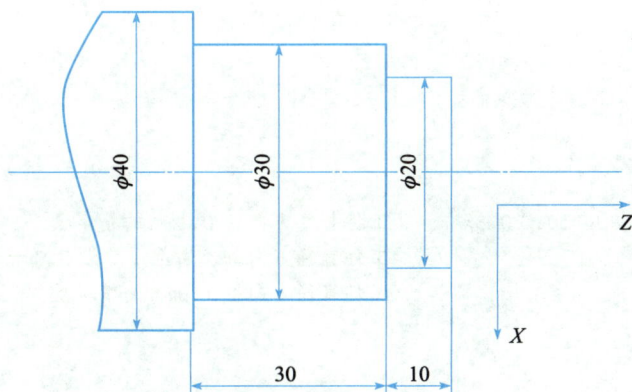

微课视频

固定循环
指令 G90

图 1－34　零件图

工件外圆面粗加工程序如下：

```
O0022;
G50 S2000;
T1010 M3;
G96 S150 M8;
G0 X45.0 Z2.;
G90 X37.Z-29.9 F0.25;      工件长度方向留 0.1mm 的精车量
X34.;
X31.;                      工件直径方向留 1.0mm 的精车量
X28.0 Z-9.9;
X25.;                      工件直径方向每次切削厚度为 3.0mm
X22.;
X21.;
G0 X200.Z200.M9;
G28 U0 W0;
M5;
M30;
```

（2）外锥面加工如图 1－35 所示，假设工件材质为 45 号钢。

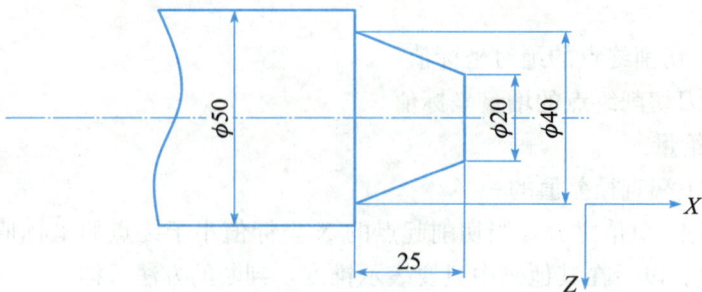

图 1-35　外锥面加工图

工件外锥面粗加工程序如下：

```
O0088;
G50 S2000;
T1010 M3;
G96 S150 M8;
G0 X55.0 Z2.0;
G90 X47. Z-24.9 R-10. F0.3;    工件长度方向留 0.1mm 的精车量
X44.;                          工件直径方向每次切削厚度为 3.0mm
X41.0;                         工件直径方向留 1.0mm 的精车量
G0 X200.Z200.;
G28 U0 W0 M9 M5;
M30;
```

（3）端平面切削循环指令。

该指令主要用于盘套类零件的平面粗加工工序。

指令格式：

G94 X(U)__ Z(W)__ F __;

（4）带锥度的端面切削循环指令。

该指令主要用于盘套类带锥度的圆锥面零件的粗加工工序。

指令格式：

G94 X(U)__ Z(W)__ R __ F __;

（5）半径补偿指令的应用。

G40：刀尖 R 补正取消。模态指令，需要取消刀尖 R 补正，可编入 G40 指令，这时理想刀尖与编程轨迹重合。

G41：刀尖 R 左补正。模态指令，顺着刀具移动的方向看，刀具在工件的左侧，称为刀尖 R 左补正。用 G41 指令制程。

G42：刀尖 R 右补正。模态指令，顺着刀具移动的方向看，刀具在工件的右侧，称为刀尖 R 左补正。用 G42 指令制程。

G40 G41 G42：主要用于工件上圆弧、锥面和倒角加工精度较高的场合。系统能根据刀尖 R 值的大小进行自动补偿。系统默认刀库为后置刀库。其判断选用方法与 G2、G3 码一样。

前置刀架和后置刀架刀尖补偿方式如图 1-36 所示：

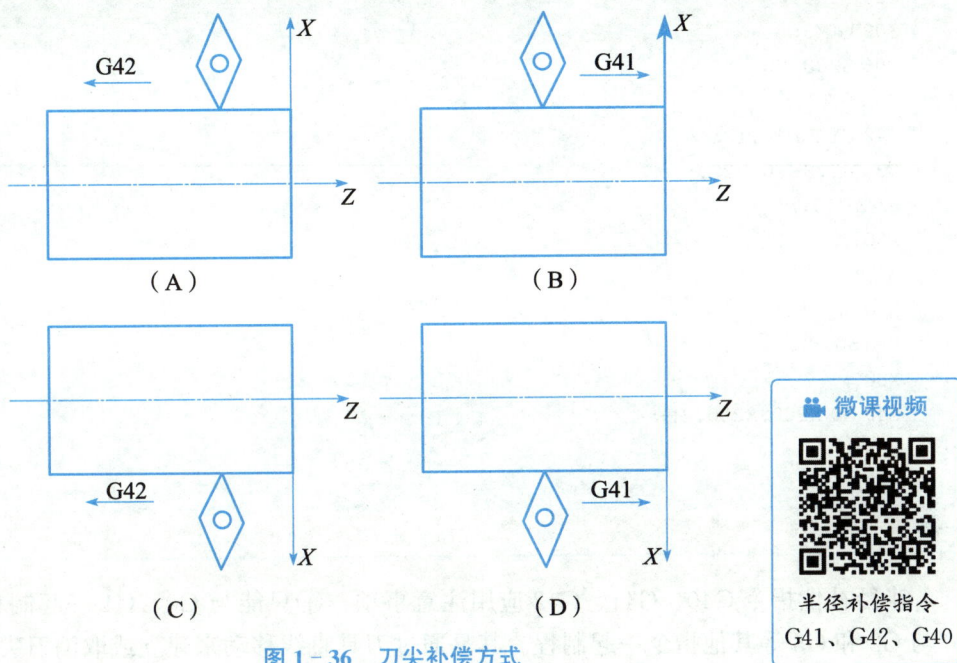

图 1-36 刀尖补偿方式

微课视频

半径补偿指令
G41、G42、G40

编程格式：

G41 G0；

G42 X(U)__ Z(W)__；

G40 G1；

G42、G40 码应用案例

如图 1-37 所示，假设工件材质为 45 号钢，工件加工所用刀库为前置刀库。

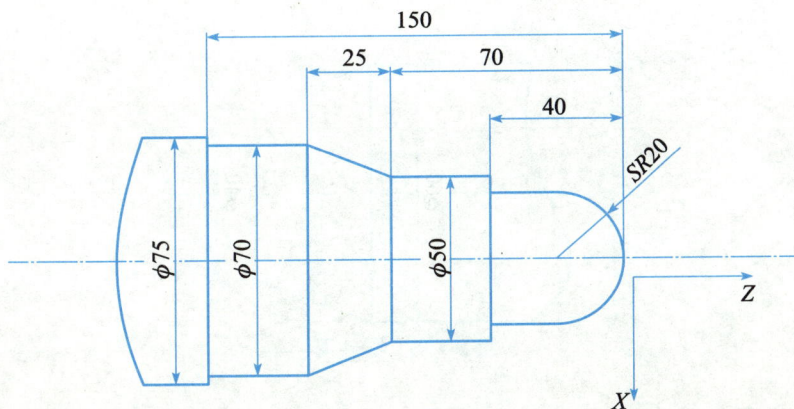

图 1-37 零件图

工件精加工程序如下：

```
O4000;
G50 S1500;
T0909 M3;
G96 S280 M8;
G0 X0 Z2.;
G42 G1 Z0 F0.12;
G3 X40.Z-20.R20.;
G1 Z-40.;
X50.;
Z-70.;
X70.W-25.;
Z-150.;
X80.;
G40 G0 X200.Z200. M9;
M5;
M30;
```

半径补偿指令 G40、G41、G42 应用注意事项：①只能与 G0、G1 一起制程，不允许与 G2 和 G3 等其他指令一起制程。其是通过刀具直线移动来建立或取消刀尖 R 补正。②在调用新刀具前或要更改刀具补正方向时，必须使用 G40 取消刀尖 R 补正。在使用 G40 前，刀具必须已经离开工件加工表面。③程序段的最后必须用 G40 取消刀尖 R 补正，如果没有取消刀尖 R 补正，则刀具不能在终点定位，而停在与终点位置偏离一个矢量的位置上。④在 G41、G42 方式中，不要再次使用 G41 或 G42 指令，否则补正会出错。⑤在使用 G41 和 G42 之后的程序段中，不能出现连续两个或两个以上的不移动指令，否则 G41、G42 会失效。

6. 实训案例

（1）车外圆锥面，如图 1-38 所示。

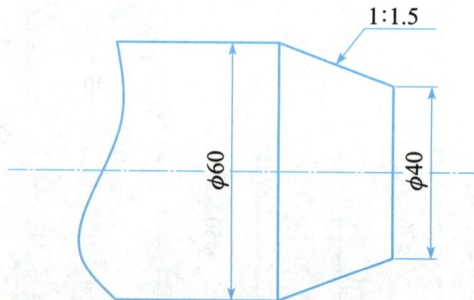

图 1-38 零件图

1）刀具选择。

①有断削槽的 90°正偏刀。

②45°端面刀。

2）工艺分析。

①手动切削右端面。

②用三爪自定心卡盘夹持左端，棒料伸出卡爪外40mm。

③用90°正偏车刀加工外圆给精车留余量：$X＝0.8$mm。

3）相关计算。

利用斜度比计算锥的长度R：

$$(D-d)/L=C=1 : 1.5$$

即：

$$L=(D-d)/C=(60-40)\text{mm}\times1.5=30\text{mm}$$

计算R的值：

$$R=(d-D)/2$$

车端面时，从$Z＝3$处入刀，在$Z＝3$处经计算端面直径为$\phi40$，即：

$$(40-60)/2=-10$$

4）参考程序（用单一固定循环G90）：

```
[FANUC 0i 系统]
O0021;
G50 S1000;
T0101 M03;
G00 X62 Z3;                快速移至循环点处
G90 X60 Z-30 R-10 F200;    粗车第一刀
X56;                       粗车第二刀
X52;                       粗车第三刀
X48;                       粗车第四刀
X44;                       粗车第五刀,X方向留精车余量0.8mm
X40;                       精车锥面
G00 X200 Z200 M05
M30;                       主程序结束
```

（2）车削倒锥，如图1-39所示。

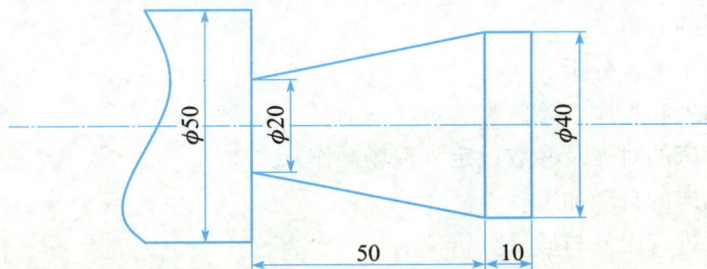

图1-39 零件图

1）刀具选择。

有断削槽副偏角为 35°的 90°正偏机夹刀。

2）工艺分析。

①手动切削右端面。

②用三爪自定心卡盘夹持左端，棒料伸出卡爪外 70mm。

③用 90°正偏车刀加工外圆，给精车留余量：$X = 0.8$mm。

④先加工 $\phi 50$—$\phi 40$ 的圆柱面，再加工倒锥面。

⑤粗车与精车采用同一把刀。

⑥由于车削采用的是机夹刀，因此必须对其刀尖圆弧半径进行补偿。

R 的计算方法与前文相同，车倒锥 R 为正值，车锥面起刀点选在 $Z-8$ 处进刀，经计算可得起刀点处端面直径为 $\phi 40.8$mm。

3）参考程序（用单一固定循环）：

```
[FANUC 0i 系统]
O0022;
G50 S1000;
T0101 M03;
G40 G97 G99 S800 M03;        取消刀补,主轴正转恒转 800r/min
G00 X52.0 Z3.0;              快速移动到循环点处,Z=3mm 处
G90 X48.0 Z-60.0 F0.2;       粗车第一刀外圆
X44.0;                       粗车第二刀外圆
X41.0;                       粗车第三刀外圆
X40.0 Z-30.0;                精车 φ40 外圆
G00 X60.8 Z-8.0;             快速移动到车锥循环点
G90 X36.0 Z-60.0 R10. F0.2;  粗车第一刀倒锥面
X32.0;                       粗车第二刀倒锥面
X28.0;                       粗车第三刀倒锥面
X24.0;                       粗车第四刀倒锥面
X20.2;                       粗车第五刀倒锥面,留精车余量 0.8mm
X20.0;                       精车倒锥面
G00 X200.Z200.M05;
M30;                         主程序结束并复位
```

🌐 **实训步骤**

（1）零件图的分析。

（2）工件加工工艺分析。

（3）程序输入和程序校验。

（4）数控车床的对刀及参数设定（现场操作）。

（5）数控车床的自动加工。

（6）对工件进行误差与质量分析。

（7）填写数控加工工艺卡片，编制整理数控加工程序。

注意事项

（1）安全第一，学生的实训必须在教师的指导下，严格按照数控车床安全操作规程有步骤地进行。

（2）编程时，注意 Z 方向数值的正负号，否则可能撞坏工件和刀具。X 方向采用直径编程。

（3）程序中的刀具起始位置要考虑到毛坯尺寸的大小，换刀位置应考虑刀架与工件及机床尾座之间的距离应足够大，否则，将发生严重事故。

（4）采用 G00 编程时，尽量沿 X、Z 轴分别退刀。

（5）程序调试必须在指导教师现场指导下进行，不得擅自操作。

（6）工件装夹时，夹持部分应长短适度。

（7）车削锥面时刀尖一定要与工件轴线等高，否则，车削出的工件圆锥母线不直，呈双曲线形。

（8）工件加工过程中，要注意中间检验工件质量，若发现加工质量出现异常，则应停止加工，以便采取相应措施。

（9）加工零件过程中一定要提高警惕，将手放在"进给中停"按钮上，若遇紧急情况，则迅速按下"进给中停"按钮，以防止意外事故发生。

同步训练

工量刃具准备单

一、材料准备						
材　质	铝合金或45号钢		尺　寸		数　量	1件

二、设备、工具、刀具、量具						
序号	分类	名称	尺寸规格	单位	数量	备注
1	设备	数控车床		台	1	
2	刃具	外圆车刀		把	2	
		外螺纹刀		把	1	
		切断刀		把	1	
3	工具系统	刀具扳手		套	1	相配的弹性套
4	工具	锉刀		套	1	
		铜片			若干	
		夹紧工具		套	1	
		刷子		把	1	
		油壶		把	1	
		清洗油			适量	
		粗糙度样板	N0～N1	副	1	
		紫铜棒		根	1	
5	量具	0～150mm 游标卡尺		把	1	
		百分表		只	1	
		磁性表座	0～5mm	套	1	
6	其他	草稿纸			适量	
		计算器		个	1	
		工作服		套	1	
		护目镜		副	1	

圆锥车削

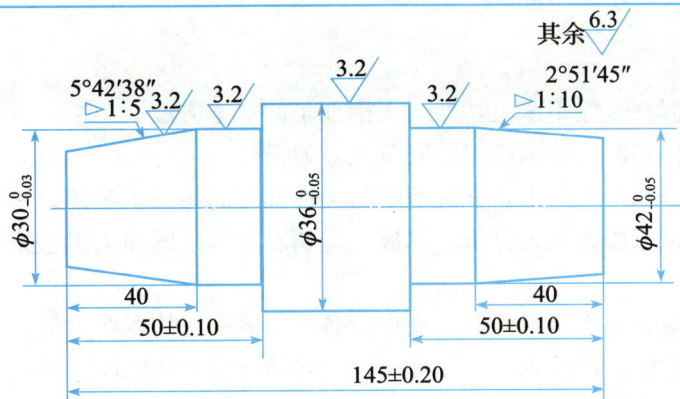

序号	质检内容		配分	评分标准
1	外圆公差	三处	8×3	超0.01扣2分，超0.02不得分
2	外圆 Ra3.2	三处	4×3	降一级扣2分
3	锥体	两处	10×2	超1′扣2分
4	锥体 Ra3.2	两处	5×2	降一级扣3分
5	长度公差	三处	3×3	超差不得分
6	清角去锐边	六处	6	一处不合格扣1分
7	平端面	两处	2×2	不合格不得分
8	工件完整		5	不完整扣分
9	安全文明操作		10	违章扣分

要求：了解并掌握锥体检测的方法。

材料	毛坯	时间
45	$\phi40×150$	

实训 6　内外沟槽与切断加工训练

实训目的

（1）熟练掌握在数控车床上切断与沟槽加工的基本方法。

（2）熟练掌握切断刀和沟槽刀的安装及对刀操作。

（3）按数控车床加工要求，掌握切断与沟槽加工的相关工艺知识和编程知识。

（4）通过给定程序和工艺分析，掌握工件切断与沟槽的加工工艺路线、刀具选用和切削用量确定。

（5）能严格遵守生产规章制度，爱护设备，养成良好的职业习惯。

（6）掌握先进的制造技术，勇于创新，培养精益求精的工匠精神。

实训设备、材料及工具

（1）数控车床。

（2）游标卡尺 0～150mm，外径千分尺 0～25mm、25～50mm，深度尺 0～150mm。

（3）外圆车刀、切槽刀。

（4）零件毛坯。

实训内容

1. 内、外圆切槽复合循环 G75

该指令主要用于回转体类零件内、外圆沟槽的循环加工。

指令格式：

G75 Re；

G75 X(U)＿ Z(W)＿ P△i Q△k R△d F ＿；

其中：

e 为退刀量，该参数为模态值（半径值）；

△i 为 X 轴方向间断切削长度（无正负、半径值）；

△k 为 Z 轴方向间断切削长度（无正负、增量值）；

△d 为切削至终点的退刀量（半径值）。△d 的符号为正，但如果 Z（W）和 Q（△k）省略，可用正、负符号指定退刀方向。

2. 子程序的调用

微课视频

多槽轴子程序指令应用

在主程序中，调用子程序的指令是一个程序段，其格式随具体的数控系统而定。FANUC 数控系统常用的子程序调用格式有以下两种：

（1）M98 P ＿ L ＿；

其中：

M98 为子程序调用字；

P 为子程序重复调用次数，P 省略时为调用一次；

L 为子程序号（须为 4 位数字）。

（2）M98 P ＿；

P 后面前 2 位数字为重复调用次数，省略时为调用一次；后 4 位数字为子程序号。

例如，M98 P051008；表示号码为 1008 的子程序连续调用 5 次。M98 P ＿ 也可以与移动指令同时存在于一个程序段中。

由此可见，子程序由程序调用字、子程序号和调用次数组成，子程序的格式与主程序相同。在子程序的开头，在地址 O 后写上子程序号，在子程序的结尾用 M99 指令表示子程序结束、返回主程序。

3. 切断加工的特点

（1）切削变形大。切断时，由于切断刀的主切削刃和左、右副切削刃同时参与切削，切屑排出时，受到槽两侧的摩擦、挤压作用，随着切断的深入，切断处直径逐渐减小，相对切削速度也逐渐减小（中心处接近于零），挤压现象更为严重，以致切削变形大。

（2）切削力大。由于切断过程中切屑与刀具、工件之间有摩擦，而且切断时被切金属的塑性变形大，因此在切削用量相同的条件下，切断时的切削力比一般车削外圆时的切削力大 20％～25％。

（3）切削热比较集中。切断时，塑性变形大，摩擦剧烈，故产生切削热也多。另外，切断刀在半封闭状态下工作，同时刀具切削部分的散热面积小，切削温度较高，使切削热集中在刀具切削刃上，因而会加剧刀具的磨损。

（4）刀具刚性差。通常切断刀主切削刃宽度较窄（一般为 2～6mm），刀头狭长，所以刀具的刚性差，切断过程中容易产生振动。

（5）排屑困难。切断时，切屑是在狭窄的切槽内排出的，受到槽壁摩擦阻力的影响，切屑排出比较困难，并且断碎的切屑还可能卡塞在槽内，引起振动和损坏刀具。因此，切断时要使切屑按一定的方向卷曲，使其顺利排出。

4. 切断刀（外槽刀）的安装

（1）切断刀一定要垂直于工件的轴线，刀体不能倾斜，以免副后刀面与工件摩擦，影响加工质量。

（2）刀体不宜伸出过长，同时主切削刃要与工件回转中心等高。否则，切削无孔工件时，不能切到中心，而且容易折断车刀。

（3）刀体底平面如果不平，会引起副后角的变化。因此，刃磨刀具之前，应把刀具底面磨平。刃磨后，用角尺或钢尺检查两侧副后角的大小。

5. 内沟槽的车削方法

车削内沟槽时，刀杆直径受孔径和槽深的限制，比镗孔时的直径还要小，特别是车削孔径小、沟槽深的内沟槽时，情况更为突出。车削内沟槽时排屑特别困难，先要从沟槽内出来，然后再从内孔中排出，切屑的排出要经过 90° 的转弯。

车削内沟槽时的尺寸控制方法：狭槽可选用相对应的准确的刀头宽度加工出来。加工宽槽和多槽工件时，可在编程时采用移位法、调用子程序和采用 G75 切槽复合循环指令编程方法进行内沟槽加工。车削梯形槽和倒角槽时，一般可采用先加工出与槽底等宽的直槽，再沿相应梯形角度或倒角角度移动刀具车削出梯形槽和倒角槽。

6. 切削用量的选择

（1）背吃刀量（a_p）。横向切削时，切断刀（槽刀）的背吃刀量等于刀的主切削刃宽度（$a_p = a$），所以只需要确定切削速度和进给量。

（2）进给量（f）。由于刀具刚性、强度及散热条件较差，因此应适当地减小进给量。进给量太大时，容易使刀折断；进给量太小时，刀后面与工件产生强烈摩擦会引起振动。具体数值根据工件和刀具材料来决定。一般用高速钢车刀切削钢料时，$f = 0.05 \sim 0.1 \text{mm/r}$；车铸铁时，$f = 0.1 \sim 0.2 \text{mm/r}$。用硬质合金刀加工钢料时，$f = 0.1 \sim 0.2 \text{mm/r}$；加工铸铁料时，$f = 0.15 \sim 0.25 \text{mm/r}$。

（3）切削速度（v）。切断时的实际切削速度随刀具的切入越来越低，因此，切断时的切削速度可选得高些。用高速钢切削钢料时，$v = 30 \sim 40 \text{m/min}$；加工铸铁时，$v = 15 \sim 25 \text{m/min}$。用硬质合金刀切削钢料时，$v = 80 \sim 120 \text{m/min}$；加工铸铁时，$v = 60 \sim 100 \text{m/min}$。

7. M98、M30、M99 码应用案例

等距沟槽加工：如图 1-40 所示，假设工件材质为 45 号钢，切刀刀头宽为 5.0mm。

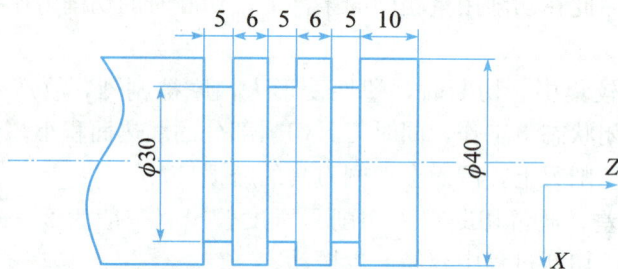

图 1-40　零件图

工件加工程序如下：

（1）主程序：

```
O0099;              主程序号码
G50 S1000;
T1111 M3;
G97 S800 M8;
G0 X45.Z-15.;
M98P30098;          O0099 程序呼叫 O0098 程序 3 次
G0 X200.Z200.M9;
M5;
M30;
```

（2）子程序：

```
O0098;              子程序号码
G1 X30.F0.1;
G4 X2.0;
G1 X45.;
G0 W-6.0;
M99;
```

8. 实训案例

车削内槽如图1-41所示。

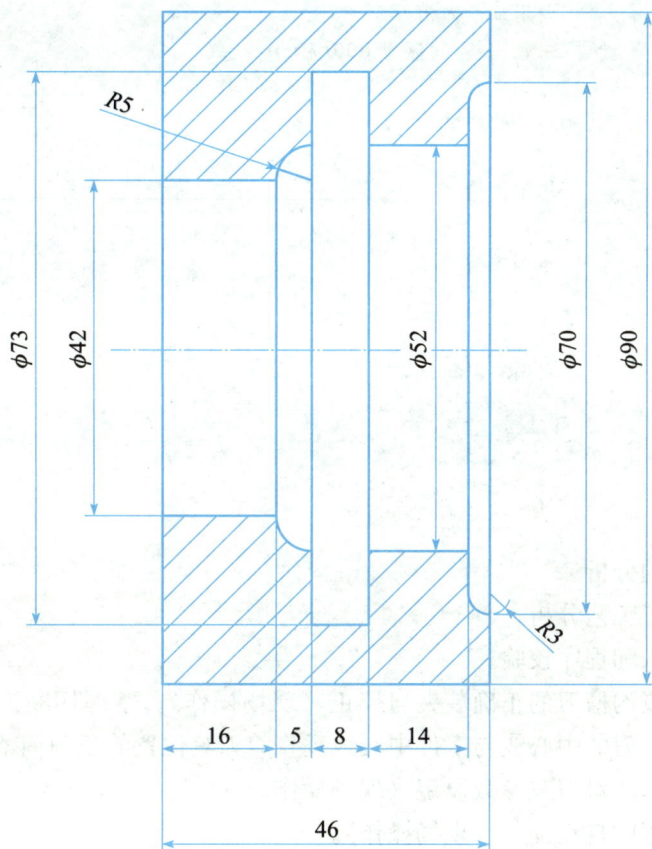

图1-41 零件图

已知底孔尺寸为φ35mm。

（1）刀具选择。

①有断屑槽的90°不通孔内镗刀。

②45°端面刀。

③内沟槽车刀宽4.0mm。

④φ35麻花钻头。

（2）工艺分析。

用卡盘装夹φ90毛坯外圆，车右端面。调头装夹φ90毛坯外圆，车左端并保证长度达46mm。用φ35麻花头钻通孔。用90°不通孔内镗刀粗车内孔直径，径向留0.8mm精车余量，轴向留0.6mm精车余量。粗车与精车各用一把刀，精车各孔尺寸及车内沟槽。

（3）尺寸计算。各公差带取其中间值。

（4）参考程序（采用T指令对刀，内轮廓编程略）：

```
O0088;
G50 S1000;
T0202;                     调用二号内槽刀
M03 S800;                  主轴正转,转速为 800r/min
G00 X48;
Z-31;                      到内槽起点处
G01 X55.5 F20;
G00 X48;                   车削内槽
Z-27;
G01 X55 F20;               车削内槽
Z-31;
G00 X20;
Z100 X100;                 返回对刀位置
M05;
M30;
```

🌐 **实训步骤**

（1）零件图的分析。

（2）工件加工工艺分析。

（3）程序输入和程序校验。

（4）切断刀或沟槽刀的正确装夹与校正（现场操作）。掌握切断刀（沟槽刀）在刀架上的伸出长度、刀的中心线与工件中心线垂直等刀具位置的正确调整和校正方法。

（5）数控车床的对刀及参数设定（现场操作）。

（6）数控车床的自动加工（现场操作）。

（7）对工件进行误差与质量分析（现场操作）。

（8）填写数控加工工艺卡片，编制整理数控加工程序。

⏱ **注意事项**

（1）安全第一，学生的实训必须在教师的指导下，严格按照数控车床的安全操作规程，有步骤地进行。

（2）车床空载运行时，注意检察车床各部分运行状况。

（3）对刀时，注意切槽刀的编程刀位点为左刀尖。

（4）圆孔加工时应注意换刀点的位置不能太靠近工件，否则会在换刀和快速靠近工件时撞到工件。

（5）切削用量的选取要考虑车床、刀具的刚性，避免加工时引起振动或工件产生振纹而不能达到工件表面质量要求。

（6）工件加工过程中，要注意检验工件质量和精度，若加工质量和精度出现异常，应停止加工，以便采取相应措施。

（7）加工零件过程中一定要提高警惕，将手放在"进给中停"按钮上，如遇紧急情况，应迅速按下"进给中停"按钮，以防止意外事故发生。

同步训练

工量刃具准备单

一、材料准备								
材　质		铝合金或45号钢		尺　寸		数　量		1件

二、设备、工具、刀具、量具						
序号	分类	名称	尺寸规格	单位	数量	备注
1	设备	数控车床		台	1	
2	刃具	外圆车刀		把	2	
		外螺纹刀		把	1	
		切断刀		把	1	
3	工具系统	刀具扳手		套	1	相配的弹性套
4	工具	锉刀		套	1	
		铜片			若干	
		夹紧工具		套	1	
		刷子		把	1	
		油壶		把	1	
		清洗油			适量	
		粗糙度样板	N0～N1	副	1	
		紫铜棒		根	1	
5	量具	0～150mm游标卡尺		把	1	
		百分表		只	1	
		磁性表座	0～5mm	套	1	
6	其他	草稿纸			适量	
		计算器		个	1	
		工作服		套	1	
		护目镜		副	1	

沟槽件车削

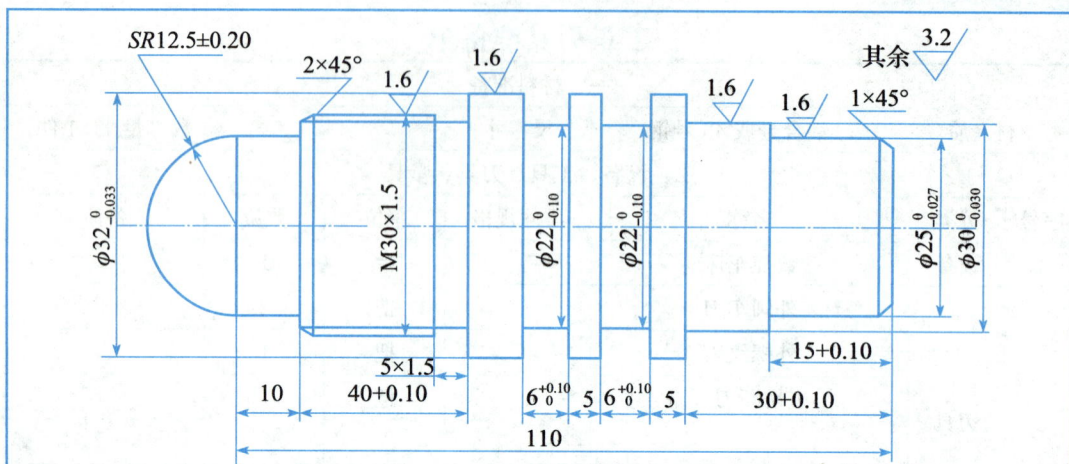

序号	质检内容		配分	评分标准
1	外圆公差	三处	6×3	超0.01扣2分，超0.02不得分
2	外圆 Ra1.6	三处	3×3	降一级扣2分
3	三角螺纹 Ra3.2	两处	8/4	超差乱牙扣分，降一级扣2分
4	圆弧 Ra3.2	两处	12/6	样板检测间隙大扣分
5	沟槽	两处	8×2	超差槽壁不直扣分
6	退刀槽		2	不合格不得分
7	长度公差	三处	2×3	超差不得分
8	倒角		2×2	不合格不得分
9	清角去锐边	五处	1×5	不合格不得分
10	工件完整		5	不完整扣分
11	安全文明操作		5	违章扣分

要求：SR12.5不准用成型刀锉刀及砂布。

材料	毛坯	时间
45	$\phi35\times135$	210分钟

实训 7　车非圆特形面加工训练

实训目的

（1）熟悉非圆曲线的参数方程。

（2）掌握数控车非圆曲线成型面的基本方法，培养综合应用能力。

（3）严格遵守生产规章制度，爱护设备，养成良好的职业习惯。

（4）掌握先进的制造技术，勇于创新，培养精益求精的工匠精神。

实训设备、材料及工具

（1）数控车床。

（2）游标卡尺 0～150mm，外径千分尺 0～25mm、25～50mm、50～75mm，深度尺 0～150mm。

（3）外圆车刀。

（4）零件毛坯。

实训内容

1. 宏程序编制的方法概述

在一般的程序编制中程序字为一常量，一个程序只能描述一个几何形状，缺乏灵活性与通用性。针对这种情况，数控车床提供了另一种编程方式，即宏编程。

在程序中使用变量，通过对变量进行赋值及处理的方法可以充分发挥程序的功能，这种有变量的程序叫宏程序。

宏程序使用格式：

```
O0005（主程序）              08000；（宏程序）
...                          ...
G65 P8000（引数和引数值）→   ［变量］
宏程序体
...                          ［运算指令］
...                          ［控制指令］
...                          ...
M30；
M99；
```

2. 变量

（1）变量的表示。一个变量由符号"#"和变量号组成，如 #1、#2、#3 等；也可以用表达式来表示变量，如 #［表达式］，例如：#［#50］、#［2001—1］、#［#4/2］。

（2）变量的使用。在地址号后可使用变量，如 F#9，若 #9＝100.0→F100，又如 Z—#26，若 #26＝10.0→Z—10。

（3）变量的赋值。

1）直接赋值。变量可在操作面板 MACRO 内容处直接输入，也可在程序内用下面方式赋值，但等号左边不能用表达式：

$$\sharp i＝数值（或表达式）$$

例如，$\sharp 1＝100$、$\sharp 1＝\sharp 2$。

2）引数赋值。宏程序体以子程序方式出现，所用变量可在宏程序调用时赋值。

例如，"G65 P9120 X200.0 Y40.0 F20.0;"，其中，X、Y、F 对应宏程序中的变量号，变量的具体数值由引数后面的数值决定。

3）间接赋值。例如，$\sharp 1＝50$，$\sharp 2＝30$，$\sharp 3＝\sharp 1＋\sharp 2$。

3. 零件图的分析

车削特形面零件如图 1-42 所示。

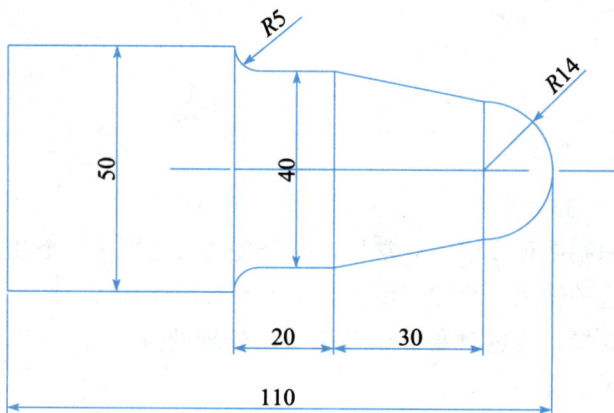

图 1-42　零件图

这是一个由圆弧面、外圆锥面、外圆柱面构成的特形面零件。其 $\phi 50$mm 外圆柱面直径处不加工，而 $\phi 40$mm 外圆柱面直径处加工精度较高，其材料为 45 号钢，选择毛坯尺寸为 $\phi 50$mm×L110mm。

4. 加工方案及加工路线的确定

以零件右端面中心作为坐标系原点，设定工件坐标系。根据零件尺寸精度及技术要求，本例将粗、精加工分开来考虑。

确定的加工工艺路线为：车削右端面→粗车外圆柱面分别为 $\phi 44$mm、$\phi 40.5$mm、$\phi 34.5$mm、$\phi 28.5$mm、$\phi 22.5$mm、$\phi 16.5$mm→粗车圆弧面 R14.25mm→粗车外圆柱面 $\phi 40.5$mm→粗车外圆锥面→粗车圆弧面 R4.75mm→精车圆弧面 R14mm→精车外圆锥面→精车外圆柱面 $\phi 40$mm→精车圆弧面 R5mm。

5. 零件的装夹及夹具的选择

采用车床本身的标准卡盘，零件伸出三爪卡盘外 75mm 左右，并找正夹紧。

刀具和切削用量的选择：

（1）刀具的选择：选择 1 号刀具为 90°硬质合金机夹偏刀，用于粗、精车削加工。

（2）切削用量的选择：采用切削用量主要考虑加工精度并兼顾提高刀具耐用度、机床寿命等因素。主轴转速 $n=630\mathrm{r/min}$，进给速度粗车为 $F=0.2\mathrm{mm/r}$，精车为 $F=0.1\mathrm{mm/r}$。

6. 尺寸计算

R14mm 圆弧的圆心坐标是：$X=0$，$Z=-14$（mm）。

R5mm 圆弧的圆心坐标是：$X=50$（mm），$Z=-(44+20-5)=-59$（mm）。

7. 参考程序

该例采用绝对值和增量值混合编程，绝对值坐标用 X、Z 地址表示，增量值坐标用 U、W 地址表示，且坐标尺寸用小数点编程。

8. 宏程序的意义

在程序编制过程中，往往有很多形状相同或相近，但尺寸不同的零件结构特征，每次都重新编制程序就显得十分麻烦，实际上可以使用变量、算术和逻辑运算及条件转移指令在子程序中体现零件的走刀过程，运用宏指令编出的子程序就称为宏程序。

由于宏程序使用变量表示走刀位置点，因此使用前必须对变量赋确定的值。宏程序在使用时，可以通过一条简单指令调出。

9. 宏程序编制实训

椭圆曲线如图 1-43 所示。

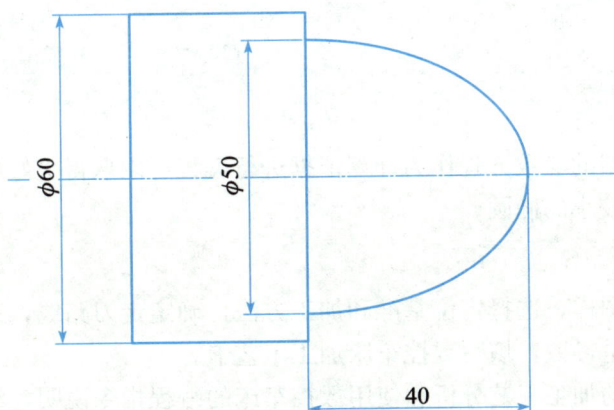

图 1-43 椭圆曲线

椭圆是典型的非圆曲线，目前数控系统都不具备完整的非圆曲线插补功能，但是可使用圆弧拟合的方法对具有非圆曲线的特征面进行加工。

本例使用单一固定循环指令 G90 分层加工。编程步骤为：分层粗加工→椭圆外形粗加工→椭圆精加工。

程序编制如下：

```
O4022;
N10 T0101;                              90°外圆车刀
N20 G00 X60.0 Z0.5 S800 M03;
N30 G90 X50.5 Z-39.8 F0.3;              车削台阶
N40 G00 X50.0;
N50 #1=25;                              赋长轴坐标(X坐标)初值
N60 #1=#1-4;
N70 #2=SQRT[1600-2.56*#1*#11];          根据椭圆方程计算 Z 坐标绝对值
N80 G90 X[2*#1+0.5]Z[#2-40+0.2];        预留 X 方向精加工余量 0.5mm，z 方向 0.2mm
N90 IF[#1 GT 0] GOTO60;                 粗切循环语句
N100 G01 X0.5 Z0.2;                     至椭圆半精加工起点
N110 #1=0;                              半精加工循环赋 X 坐标初值
N120 #1=#1+0.2;                         半精加工循环步距赋值
N130 #2=SQRT[ABS[1600-2.56*#1*#1]];
N140 G01 X[2*#1+0.5] Z[#2-40+0.2];      预留 X 方向精加工余量 0.5mm，z 方向 0.2mm
N150 IP[#1 LT 25] GOTO120;              至椭圆精加工起点
N160 G01 Z0;
N170 X0;
N180 #1=0;                              精加工循环赋 X 坐标初值
N190 #1=#1+0.5;                         精加工循环步距赋值
N200 #2=SQRT[ABS[1600-2.56*#1*#1]];
N210 G01 X[2*#1] Z[#2-40] F0.15;        直线拟合加工椭圆
N220 IP[ #1 LT 25)GOTO190;              精切循环语句
N230 G01 Z-40.0;
N240 X61.0;
N250 G28 U0 W0;
N260 M30;
```

注意：使用椭圆的参数方程作为计算依据进行编程可以取得更好的表面精度，特别是对于长短轴差距较小的椭圆。

🌐 **实训步骤**

（1）分析工件图样，选择定位基准和加工方法，确定走刀路线，选择刀具和装夹方法，确定各切削用量参数，填写数控车床加工工艺卡。

（2）根据零件的加工工艺分析和使用数控车床的编程指令说明，编写加工程序。

（3）根据零件图要求，选择合适的量具对工件进行检测，并对零件进行质量分析。

◎ **注意事项**

（1）安全第一，学生的实训必须在教师的指导下，严格按照数控车床的安全操作规程，有步骤地进行。

（2）注意非圆曲线方程在实际编程中的应用。

（3）合理给定相关参数编程的数值，提高非圆曲线的加工精度。

（4）确定编程零点后，注意非圆曲线相关点的坐标计算。

（5）车床在试运行前必须进行图形模拟加工，以避免程序错误、刀具碰撞工件或卡盘。

同步训练

工量刃具准备单

一、材料准备						
材　质	铝合金或45号钢	尺　寸			数　量	1件

二、设备、工具、刀具、量具						
序号	分类	名称	尺寸规格	单位	数量	备注
1	设备	数控车床		台	1	
2	刃具	外圆车刀		把	2	
		外螺纹刀		把	1	
		切断刀		把	1	
3	工具系统	刀具扳手		套	1	相配的弹性套
4	工具	锉刀		套	1	
		铜片			若干	
		夹紧工具		套	1	
		刷子		把	1	
		油壶		把	1	
		清洗油			适量	
		粗糙度样板	N0～N1	副	1	
		紫铜棒		根	1	
5	量具	0～150mm 游标卡尺		把	1	
		百分表		只	1	
		磁性表座	0～5mm	套	1	
6	其他	草稿纸			适量	
		计算器		个	1	
		工作服		套	1	
		护目镜		副	1	

手柄车削

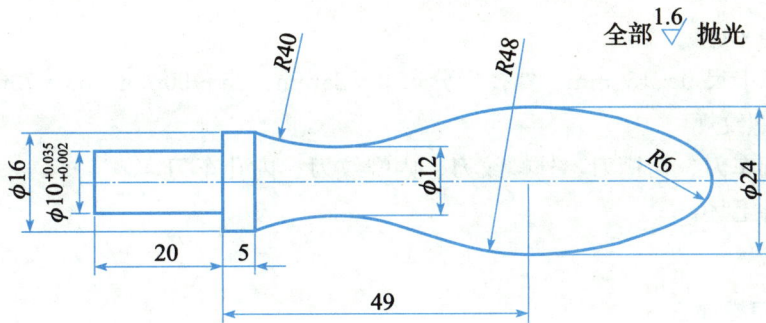

全部 $\overset{1.6}{\triangledown}$ 抛光

$R40$ $R48$ $R6$

$\phi 16$ $\phi 10^{+0.035}_{+0.002}$ $\phi 12$ $\phi 24$

20 5

49

说明：1. 此件要保留，有实用性。

2. 此件要按标准加工。

实训 8　车削螺纹加工训练

实训目的

（1）熟练掌握在数控车床上车削螺纹的基本方法。

（2）熟练掌握螺纹车刀在刀架上的安装和调整方法。

（3）掌握车削螺纹时进刀方法及切削余量的合理分配。

（4）掌握常用螺纹加工指令的适用范围及编程技能和技巧。

（5）合理选用数控车削螺纹的切削用量和掌握调整加工程序中某些工艺参数的技巧。

（6）能严格遵守生产规章制度，爱护设备，养成良好的职业习惯。

（7）掌握先进的制造技术，勇于创新，培养精益求精的工匠精神。

实训设备、材料及工具

（1）数控车床。

（2）游标卡尺 0~150mm，外径千分尺 0~25mm、25~50mm、50~75mm，深度尺 0~150mm，螺纹规。

（3）外圆车刀、切槽刀、外螺纹刀、内螺纹刀、内孔车刀。

（4）零件毛坯。

实训内容

1. 相关编程知识

在目前的数控车床加工中，螺纹切削一般有两种常用加工方法：直进式切削方法（G32、G92）和斜进式切削方法（G76）。有些高档的数控系统还带有左右进刀加工的

微课视频

螺纹加工和对刀

功能。当然，也可以手工计算不同的循环点，利用直进式切削方法实现"左右赶刀"的加工方法。配合这些指令的切削方式不同，编程方法不同，适用的工件不同，造成的加工误差也不同。因此在编程时，只有仔细分析工件特点，合理选择编程指令，才能加工出高精度的螺纹。

2. 螺纹切削指令 G32

G32 指令可以执行单行程螺纹切削，车刀进给运动严格根据输入的螺纹导程进行。但是，车刀的切入、切出、返回均需要编入程序。

指令格式：

G32 X(U)__ Z(W)__ F__；

其中：X(U)__ Z(W)__为螺纹终点坐标值，X、Z 用于绝对编程，U、W 用于相对编程，F 为导程（螺距）。

在 G32 指令程序中，进给速度 F 值是一个定值，加工中进给速度倍率修调无效，F 值被限制在 100%，主轴转速修调无效（保持程序给定速度）。

注：螺纹车削加工为成型车削，且切削进给量大，刀具强度较差，一般要求分数次

进给加工。

3. 螺纹切削循环指令 G92

用 G32 指令加工一个螺纹需要多次切削才可完成，而 G32 螺纹加工程序段每一句只能执行一个运动轨迹。因此，完成一个螺纹加工需要由多个 G32 程序段和多个 X 方向进退刀、Z 方向进给和快退等程序段组成，所以 G32 指令编程时，程序较长，很烦琐，容易发生编程错误。因此，建议大家采用螺纹切削循环指令 G92 来加工螺纹。

螺纹切削循环指令 G92 应用：

指令格式：

G92 X(U)＿ Z(W)＿ F ＿；

4. 复合螺纹切削循环指令 G76

复合螺纹切削循环指令 G76，是多次自动循环切削螺纹的一种编程加工方式。在此循环加工中，刀具为单侧刃加工（斜进加工），从而可以减轻刀尖的负载，避免出现"啃刀"现象。

指令格式：

G76 P(m)(r)(a) Q(△dmin) R(d)；

G76 X(U)＿ Z(W)＿ R(i) P(k) Q(△d) r(L)；

其中：m——精加工重复次数；

r——斜向退刀量（螺纹收尾部分的长度）；

a——刀尖角度，可选 80°、60°、55°、30°、29°、0°六种，用两位数指定；

△dmin——最小切削深度（半径值指定，计算深度小于这个极限值时，车削深度锁定在这个值）；

d——精加工余量（用半径编程指定）；

i——锥螺纹的半径差，i＝0 为圆柱直螺纹；

k——螺纹的牙高（X 方向半径值），通常为正；

△d——第一次车削深度（半径值），后续加工切深为递减式；

L——螺距，多头为导程。

5. 车削螺纹时主轴转速的选取

车削螺纹的主轴转速可按下面的经验公式计算：

$$n \leqslant 1\,200/P - K$$

式中：P——工件的螺距，单位为 mm；

K——保险系数，一般取 80。

当然，主轴的转速选择也不是唯一的。当使用一些高档刀具切削螺纹时，其主轴转速可以按照线速度 200m/min 选取（前提是数控系统能够支持高速螺纹加工操作，一般经济型车床在高速加工螺纹时会造成"乱牙"现象）。

6. 分层切削深度的选择

如果螺纹牙型较深，螺距较大，可分几次进给。每次进给的背吃刀量用螺纹深度减精加工背吃刀量所得的差按递减规律分配，常用螺纹切削的进给次数与背吃刀量可参照

表1-5选取。在实际加工中，当用牙型高度控制螺纹直径时，一般通过试切来满足加工要求。

表1-5　常用螺纹切削的进给次数与背吃刀量

公制螺纹							
螺距	1.0	1.5	2.0	2.5	3.0	3.5	4.0
牙深	0.649	0.974	1.299	1.624	1.949	2.273	2.598
进给次数及背吃刀量 第1次	0.7	0.8	0.9	1.0	1.2	1.5	1.5
第2次	0.4	0.6	0.6	0.7	0.7	0.7	0.8
第3次	0.2	0.4	0.6	0.6	0.6	0.6	0.6
第4次		0.16	0.4	0.4	0.4	0.6	0.6
第5次			0.1	0.4	0.4	0.4	0.4
第6次				0.15	0.4	0.4	0.4
第7次					0.2	0.2	0.4
第8次						0.15	0.3
第9次							0.2

说明：当然，螺纹切削的进给次数与背吃刀量也需要根据不同的加工材质和刀具质量自行选取，但一定要遵循逐渐递减的原则。

7. 螺纹车刀的装夹方法

车削螺纹时，为了保证齿形正确，对安装螺纹车刀提出了较严格的要求。

（1）刀尖高。装夹螺纹车刀时，刀尖位置一般应与车床主轴轴线等高，特别是内螺纹车刀的刀尖高必须严格保证，以免出现"扎刀""阻刀""让刀"及螺纹面不光等现象。当高速车削螺纹时，为防止振动和"扎刀"，其硬质合金车刀的刀尖应略高于车床主轴轴线 0.1～0.3mm。

（2）刀头伸出长度。刀头一般不要伸出过长，约为刀杆厚度的 1～1.5 倍。内螺纹车刀的刀头加上刀杆后的径向长度应比螺纹底孔直径小 3～5mm，以免退刀时碰伤牙顶。

8. 车削螺纹时常见故障分析

知识微课堂

螺纹加工时
常见的六种故障

9. 螺纹车削加工单一循环

螺纹车削加工单一循环用于常见不变螺距的螺纹加工场合。

（1）刀具循环路径，如图1-44所示。

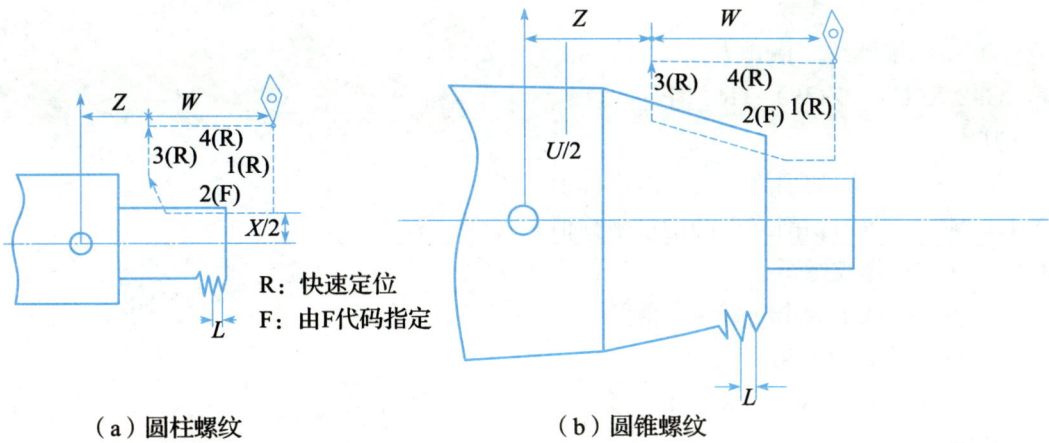

R：快速定位
F：由F代码指定

（a）圆柱螺纹　　　　　　　　（b）圆锥螺纹

图1-44　刀具循环路径

（2）G92螺纹切削直进刀方式，如图1-45所示。

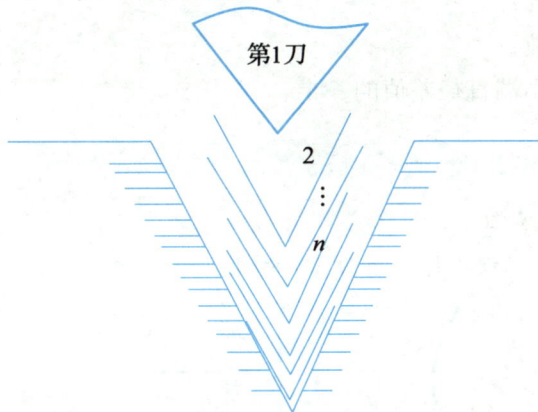

图1-45　螺纹切削直进刀方式

编程格式：

1）单线圆柱螺纹。格式为：

G92 X(U)＿ Z(W)＿ F＿;

其中：

X，Z——每刀切削终点的绝对坐标值；

U，W——每刀切削终点的增量坐标值；

　　F——螺纹螺距。

2）多线圆柱螺纹。格式为：

G92 X(U)＿ Z(W)＿ F＿ L＿;

其中：

X，Z——每刀切削终点的绝对坐标值；

U，W——每刀切削终点的增量坐标值；

F——螺纹导程；

L——螺纹线数。

3）单线锥螺纹。格式为：

G92 X(U)__ Z(W)__ R __ F __；

其中：

X，Z——每刀切削终点的绝对坐标值；

U，W——每刀切削终点的增量坐标值；

F——螺纹螺距；

R——圆锥大小端直径差值的一半。

4）多线锥螺纹。格式为：

G92 X(U)__ Z(W)__ R __ F __ L __；

其中：

X，Z——每刀切削终点的绝对坐标值；

U，W——每刀切削终点的增量坐标值；

F——螺纹导程；

L——螺纹线数；

R——圆锥大小端直径差值的一半。

G92 码应用案例

（1）单线圆柱螺纹加工。

如图 1-46 所示，假设工件材质为 45 号钢。

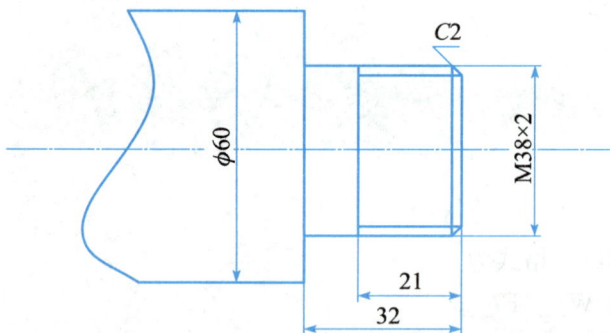

图 1-46　零件图

工件加工程序如下：

```
O0007;
G97 S1200;
T0808 M3;
G0 X48.Z8.0 M8;
```

```
G92 X37.3 Z-21.0 F2.0;
    X36.9;
    X36.6;
    X36.3;
    X36.0;
    X35.8;
    X35.7;
    X35.6;
G0 X200.Z200.M9;
G28 U0 W0;
M5;
M30;
```

（2）多线圆柱螺纹加工。

如图 1-47 所示，假设工件材质为 45 号钢。

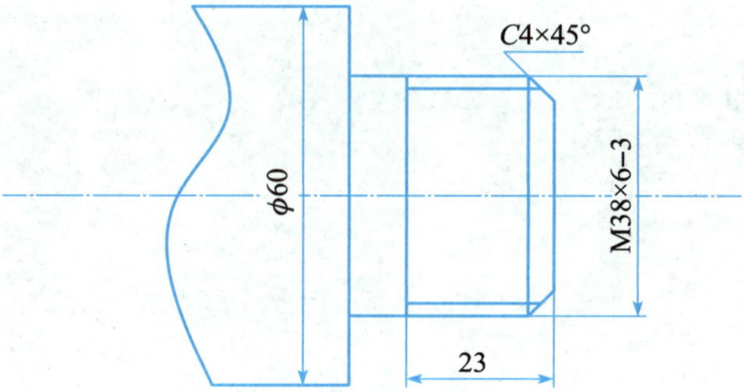

图 1-47 零件图

工件加工程序如下：

```
O0007;
G97 S800;
T0808 M3;
G0 X48.Z8.0 M8;
G92 X37.3 Z-21.0 F6.0 L3;
    X36.9;
    X36.6;
    X36.3;
    X36.0;
    X35.8;
    X35.7;
    X35.6;
G0 X200.Z200.M9;
G28 U0 W0 M9;
    M5;
    M30;
```

（3）单线锥螺纹加工。

如图 1-48 所示，假设工件材质为 45 号钢。

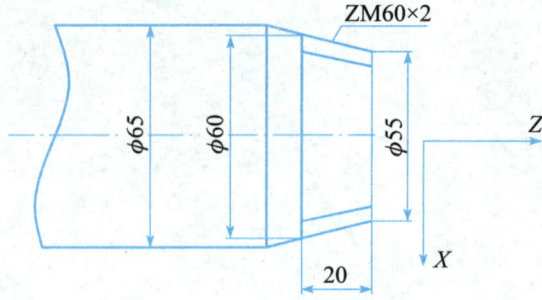

图 1-48　零件图

工件加工程序如下：

```
O0007;
G97 S800;
T0808 M3;
G0 X70.Z8.0 M8;
G92 X59.5 Z-20.R-2.5 F2.0;
    X59.4;
    X59.1;
    X58.8;
    X58.6;
    X58.4;
    X58.2;
    X58.;
    X57.9;
    X57.8;
G0 X200.Z200.M9;
G28 U0 W0 M9;
    M5;
    M30;
```

（4）多线锥螺纹加工。

如图 1-49 所示，假设工件材质为 45 号钢。

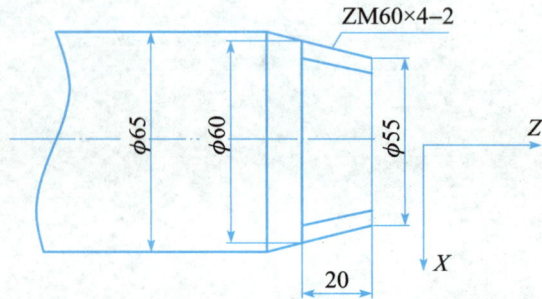

图 1-49　零件图

工件加工程序如下：

```
O0071;
G97 S800;
T0808 M3;
G0 X70. Z8.0 M8;
G92 X59.5 Z-20. R-2.5 F4.0 L2;
    X59.4;
    X59.1;
    X58.8;
    X58.6;
    X58.4;
    X58.2;
    X58.;
    X57.9;
    X57.8;
G0 X200.Z200.M9;
G28 U0 W0 M9;
    M5;
    M30;
```

10. 实训案例

（1）加工外螺纹零件，如图1-50所示。

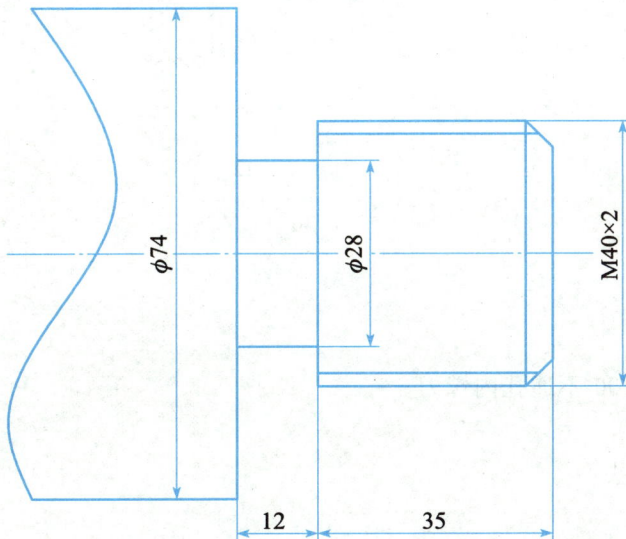

微课视频

螺纹轴类
零件编程

图1-50　零件图

车外螺纹加工程序如下：

```
O0258;
G50 S1200;
T0101 M03;
G97 S1000;
G0 X50 Z10;
G92 X39.4 Z-35 F2.;
    X39.1;
    X38.8;
    X38.5;
    X38.2;
    X38;
    X37.8;
    X37.6;
    X37.6;
G0 X200 Z200 M05
    M30
```

（2）加工内螺纹零件，如图 1-51 所示。已知底孔尺寸为 ϕ15mm。

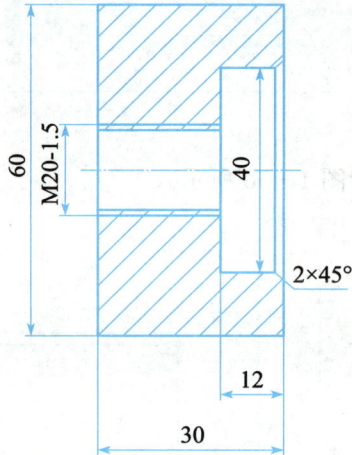

图 1-51　零件图

1）刀具选择。

①有断屑槽的 90°不通孔内镗刀。

②45°端面刀。

③ϕ15 麻花钻头。

2）工艺分析。

用三爪自定心卡盘装夹 ϕ60 工件毛坯外圆，车右端面。调头装夹 ϕ60 工件毛坯外圆，车左端并保证长度 30mm。用 ϕ15 麻花钻头钻通孔，用 90°内孔镗刀粗车，内孔径向留 0.6mm 精车余量，轴向留 0.4mm 精车余量。粗车与精车用同一把刀，精车各孔径尺寸再车削螺纹。

3）参考程序（内轮廓编程略）：

```
[FANUC 0i 系统]
O0098;                          T01 为 1 号镗刀,T02 为二号螺纹刀
…
T0202;
M03 S800;                       主轴正转
G00 X16.0;
Z-11 M08;                       至内螺纹起点处
G92 X19.2 Z-32.0 F1.5;
X19.7;
x20.0;                          分三刀车削内螺纹
x20.0;                          内螺纹光整加工一次
G00 X16.0 M09;
X200.0 Z200.0 M05;              返回对刀位置
M30;
```

实训步骤

（1）零件图的分析。

（2）工件加工工艺分析。

（3）程序输入和程序校验。

（4）螺纹刀的装夹与校正（现场操作）。掌握螺纹刀在刀架上的刀尖高、牙型、伸出长度等刀具位置的正确调整和校正方法。

（5）数控车床的对刀及参数设定（现场操作）。

（6）数控车床的自动加工（现场操作）。

（7）对工件进行误差与质量分析（现场操作）。

（8）填写数控加工工艺卡片，编制整理数控加工程序。

注意事项

（1）安全第一，学生的实训必须在教师的指导下，严格按照数控车床的安全操作规程，有步骤地进行。

（2）工件装夹要紧固可靠。

（3）机床在试运行前必须进行图形模拟加工，以避免程序错误、刀具碰撞工件或卡盘。

（4）对刀时，注意内切槽刀的编程刀位点为左刀尖。

（5）严禁在车床主轴旋转过程中，用棉纱擦拭螺纹表面，以免发生事故。

（6）在执行车削螺纹程序段时，不允许中途进行随机"暂停"操作，以免损坏设备和发生伤人事故。

工量刃具准备单

一、材料准备						
材　质	铝合金或 45 号钢	尺　寸			数　量	1 件

二、设备、工具、刀具、量具						
序号	分类	名称	尺寸规格	单位	数量	备注
1	设备	数控车床		台	1	
2	刀具	外圆车刀		把	2	
		外螺纹刀		把	1	
		切断刀		把	1	
3	工具系统	刀具扳手		套	1	相配的弹性套
4	工具	锉刀		套	1	
		铜片			若干	
		夹紧工具		套	1	
		刷子		把	1	
		油壶		把	1	
		清洗油			适量	
		粗糙度样板	N0～N1	副	1	
		紫铜棒		根	1	
5	量具	0～150mm 游标卡尺		把	1	
		百分表		只	1	
		磁性表座	0～5mm	套	1	
6	其他	草稿纸			适量	
		计算器		个	1	
		工作服		套	1	
		护目镜		副	1	

外螺纹车削

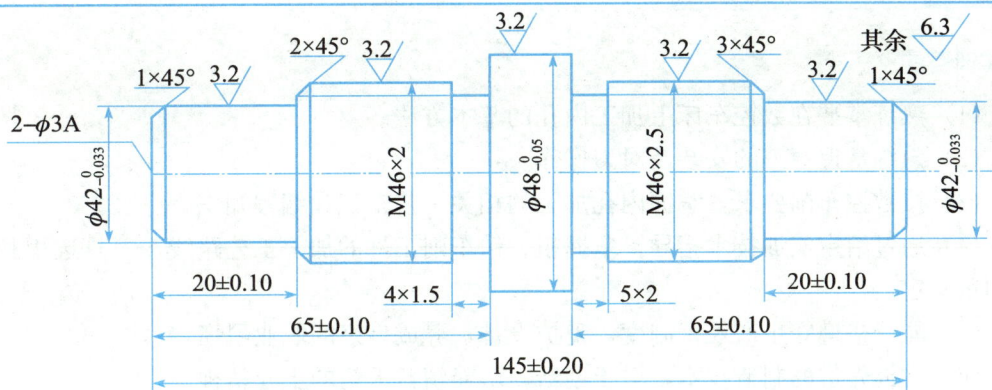

序号	质检内容		配分	评分标准
1	外圆公差	三处	5×3	超 0.01 扣 2 分
2	外圆 $Ra3.2$	三处	3×3	降一级扣 2 分
3	三角螺纹	两处	10×2	超差乱牙牙型不正扣分
4	螺纹 $Ra3.2$	两处	6×2	降一级扣 3 分
5	长度公差	五处	2×5	超差不得分
6	倒角	四处	2×4	不合格不得分
7	清角去锐边	六处	1×4	不合格不得分
8	退刀槽	两处	4×2	不合格不得分
9	中心孔	两处	2×2	不合格不得分
10	工件完整		5	不完整扣分
11	安全文明操作		5	违章扣分

大径 $d=D$ 与公称直径相同

中径 $d_2=D_2=d-0.6495P$

牙型高度

$$h_1=0.5413P$$

螺纹小径

$$d_1=D_1$$
$$=d-1.0825P$$

要求：

会测量三角形外螺纹。

材料	毛坯	时间
45	$\phi50×150$	

📹 微课视频

阶梯轴加工
公差控制

实训 9　车内孔加工训练

实训目的

（1）熟练掌握在数控车床上加工内孔的基本方法。

（2）熟练掌握镗刀的安装及对刀操作。

（3）按数控车削要求，掌握内孔加工的相关工艺知识和编程知识。

（4）通过给定实训技术指导，掌握粗、精车削工件的加工工艺路线、刀具选用和切削用量确定。

（5）能严格遵守生产规章制度，爱护设备，养成良好的职业习惯。

（6）掌握先进的制造技术，勇于创新，培养精益求精的工匠精神。

实训设备、材料及工具

（1）数控车床。

（2）游标卡尺 0～150mm，外径千分尺 0～25mm、25～50mm、50～75mm，深度尺 0～150mm。

（3）外圆车刀、切槽刀、内孔车刀。

（4）零件毛坯。

实训内容

1. 复合固定循环

它应用于需要多次加工才能达到规定尺寸的场合，如用棒料毛坯车削阶梯相差较大

> **微课视频**
>
> 复合循环
> 指令 G71

的轴，或者切削铸、锻件的毛坯余量时，都有一些多次重复进行的动作，每次加工的轨迹相差不大。在复合固定循环中，对零件的轮廓定义之后，即可完成从粗加工到精加工的全过程，使程序得到进一步简化。利用复合固定循环功能，只要编出最终加工路线，给出每次切除的量的深度或循环次数，机床即可自动地重复切削直到工件加工完为止。下面介绍几种常用的复合固定循环指令。

（1）外径（内径）粗加工复合循环指令 G71。它适用于外圆柱毛坯料粗车外径和内孔毛坯料粗车内径，需要多次走刀才能完成的粗加工。粗加工复合循环指令格式（以直径编程）如下：

G71 U△d R△e；

G71 Pns Qnf U△u W△w F __ S __ T __；

其中：

△d——切削深度（背吃刀量、每次切削量），半径值，无正负号，方向由矢量决定（X 方向）；

△e——每次退刀量，半径值，无正负号；

ns——精加工路线中第一个程序段的顺序号；

nf——精加工路线中最后一个程序段的顺序号；

△u——X 方向精加工余量，直径编程时为△u，半径编程时为△Au/2；

△w——Z 方向精加工余量。

（2）端面粗车复合固定循环指令 G72。它用于圆柱棒料毛坯的端面粗车，端面粗车循环适用于 Z 方向余量小、X 方向余量大的棒料粗加工。端面粗车复合固定循环指令格式如下：

G72 W△d R△e;

G72 Pns Qnf U△u W△w F__ S__ T__;

其中：

△d——切削深度（背吃刀量、每次切削量），无正负号，方向由矢量决定（X 方向）；

△e——每次退刀量；

ns——精加工轮廓程序段中开始程序段的段号；

n——精加工轮廓程序段中结束程序段的段号；

△u——X 轴方向精加工余量（直径值）；

△w——Z 轴方向精加工余量；

G72 指令与 G71 指令的区别仅在于其切削方向平行于 X 轴，在 ns 程序段中不能有 X 方向的移动指令，其他相同。

（3）封闭轮廓复合循环指令 G73。它适用于毛坯轮廓形状与零件轮廓形状基本接近时的粗车。利用该循环，可以按同一轨迹重复切削，每次切削刀具向前移动一次。因此，对于锻造、铸造和异型可加工表面等粗加工已初步形成的毛坯件，可以按形状轮廓加工。封闭轮廓复合循环指令格式如下：

△ 微课视频

复合循环
指令 G73

G73 U△i W△k R△d;

G73 Pns Qnf U△u W△w F__ S__ T__;

其中：

△i——X 轴方向退出距离和方向（半径值）；

△k——Z 轴方向退出距离和方向；

△d——粗车循环次数；

ns——精加工路线中第一个程序段的顺序号；

nf——精加工路线中最后一个程序段的顺序号；

△u——X 轴向精加工余量（直径值）；

△w——Z 轴向精加工余量。

（4）精车循环指令 G70。当用 G71、G72、G73 粗加工指令车削工件后，用 G70 来指定精车循环，切除粗加工中留下的余量。粗车循环指令格式如下：

G70 Pns Qnf F__;

其中：

ns——精加工轮廓程序段中开始程序段的段号；

nf——精加工轮廓程序段中结束程序段的段号。

（5）端面深孔钻削循环指令 G74。该指令主要用于回转体类零件端面槽或深孔钻削加工。端面深孔钻削循环指令格式如下：

G74 Re；

G74 X(U) __ Z(W) __ P△i Q△k R△d F__；

其中：

e——退刀量，该参数为模态值；

X——D 点的 X 轴坐标值（半径值）；

U——从 A 点至 B 点的 X 轴增量值；

Z——D 点的 Z 轴坐标值；

W——从 A 点至 D 点的 Z 轴增量值；

△i——X 轴方向间断切削长度（无正负，半径值）；

△k——Z 轴方向间断切削长度（无正负，增量值）；

△d——切削至终点的退刀量。△d 的符号为正，但如果 X(U) 和 P△i 省略，则可用正、负号指定退刀方向。

2. 圆孔加工的特点

圆孔加工比车削外圆要困难得多，其原因如下：

（1）孔加工是在工件内部进行的，观察切削情况很困难，尤其是孔径小时，根本看不见，因此控制更困难。

（2）刀杆尺寸由于受孔径的限制，不能选用太粗、太短的刀具，因此刚性很差，特别是加工孔径小、长度长的孔时，更为突出。

（3）排屑和冷却困难。

（4）当工件壁厚较薄时，加工时工件容易变形。

（5）圆孔的测量比外圆困难。

3. 内孔相关知识

机械设备上常有各种轴承套、齿轮及带轮等一些带内孔的零件，因支撑、连接配合的需要，一般将它们做成带圆柱的孔的形状，此类零件称为内孔类零件。

技术要求：

（1）内孔类零件一般都要求具有较高的尺寸精度、较小的表面粗糙度和较高的形位精度。在车削安装这类零件时，关键是要保证位置精度要求。

（2）内轮廓加工刀具回转空间小，刀具进退刀方向与车外轮廓时有较大区别，编程时需要仔细计算进退刀尺寸。

（3）内轮廓加工刀具由于受到孔径和孔深的限制，刀杆细而长，刚性差，对于切削用量的选择，如进给量和背吃刀量的选择，较切外轮廓时要稍小。

（4）内轮廓切削时切削液不易进入切削区域，切屑不易排出，切削温度可能会较高，镗深孔时可以采用工艺性退刀，以促进切屑排出。

（5）内轮廓切削时切削区域不易观察，加工精度不易控制，大批量生产时测量次数需要安排多一些。

4. 对刀及加工方法

对刀的方法与车外圆的方法基本相同，所不同的是毛坯若不带内孔则必须先钻孔，再用内孔车刀试切对刀。为使测量准确，内径对刀时需要用内径百分表测量尺寸。

5. 实训案例

车削内台阶孔，如图 1-52 所示。

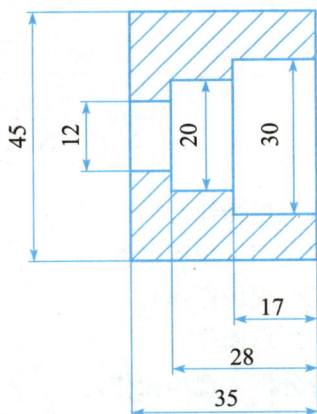

微课视频

G70、G71 指令应用

图 1-52　零件图

（1）刀具选择。

1）有断屑槽的 90°内镗刀。

2）45°端面刀。

3）ϕ10 麻花钻头。

（2）工艺分析。

用卡盘装夹 ϕ45 工件毛坯外圆车右端面。调头装夹 ϕ45 工件外圆毛坯外圆，车左端并保证长度达 35mm。用 ϕ10 麻花钻头钻通孔。

用 90°不通孔内镗刀粗车，内孔径向留 0.8mm 精车余量，轴向留 0.5mm 精车余量，精车各孔径尺寸。

（3）参考程序：

```
[FANUC 0i 系统]
O0099;
G50 S1000;
T0101;
G40 G97 G99 S700 M03;
G00 X10.0 Z2.0 M08;          到内孔循环点
G71 U2.0 R0.5;
G71 P10 Q20 U-0.8 W0.5 F0.2;  内端面粗车循环加工
N10 G00 X30.015;              移动到精车起点处
G01 Z-17.0;
X20.015;
Z-28.0;
```

83

```
X12.0;
Z-36.0;
N20 G00 X10.0;              精车零件各部分尺寸
G70 P10 Q20;
G28 U0 W0 M05;              返回参考点，主轴停转
M30;
```

实训步骤

（1）零件图的分析。

（2）工件加工工艺分析。

（3）程序输入和程序校验（现场操作）。

（4）数控车床的对刀及参数设定（现场操作）。

（5）孔的手动（自动）加工（现场操作）。

（6）数控车床的自动加工（现场操作）。

（7）对工件进行误差与质量分析（现场操作）。

（8）填写数控加工工艺卡片，编制整理数控加工程序。

注意事项

（1）安全第一，学生的实训必须在教师的指导下，严格按照数控车床的安全操作规程，有步骤地进行。

（2）加工套类零件时，刀架上如装有内孔加工刀具，对换刀位置应慎重思考后确定。

（3）镗刀换刀时，应返回设定的换刀点，否则会与工件或卡盘碰撞。

（4）工件加工过程中，要注意检验工件质量，若发现加工质量出现异常，则应停止加工，以便采取相应措施。

（5）加工零件过程中一定要提高警惕，将手放在"进给中停"按钮上，若遇紧急情况，则迅速按下"进给中停"按钮，以防止意外事故发生。

同步训练

工量刃具准备单

一、材料准备					
材　质	铝合金或 45 号钢	尺　寸		数　量	1 件

二、设备、工具、刀具、量具					
序号	分类	名称	尺寸规格	单位	数量	备注

序号	分类	名称	尺寸规格	单位	数量	备注
1	设备	数控车床		台	1	
2	刃具	外圆车刀		把	2	
		外螺纹刀		把	1	
		切断刀		把	1	
		内螺纹刀		把	1	
		内孔刀		把	1	
3	工具系统	刀具扳手		套	1	相配的弹性套
4	工具	锉刀		套	1	
		铜片			若干	
		夹紧工具		套	1	
		刷子		把	1	
		油壶		把	1	
		清洗油			适量	
		粗糙度样板	N0～N1	副	1	
		紫铜棒		根	1	
5	量具	0～150mm 游标卡尺		把	1	
		百分表		只	1	
		磁性表座	0～5mm	套	1	
6	其他	草稿纸			适量	
		计算器		个	1	
		工作服		套	1	
		护目镜		副	1	

轴承套

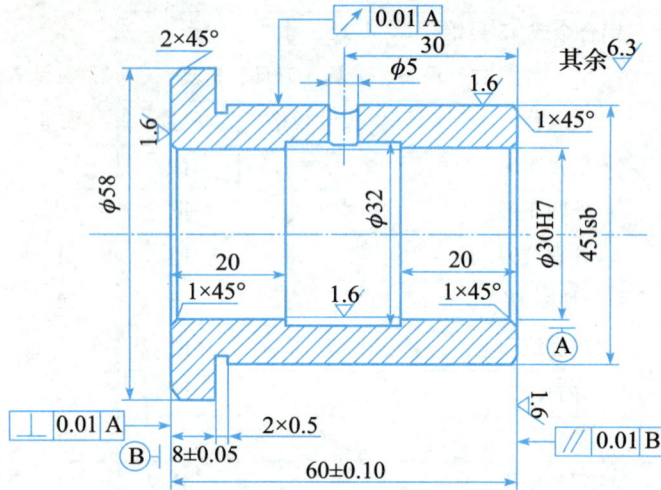

序号	质检内容		配分	评分标准
外圆	$\phi45\ Ra1.6$	三处	10/6	超0.01扣2分，超0.02不得分
	$\phi53$		2	超差不得分
内孔	$\phi30H7\ Ra1.6$		20/10	超0.01扣2分，超0.02不得分
沟槽	$\phi32\times20$		6	超差不得分
	2×0.5		2	超差不得分
长度	60 ± 0.10		3	超差不得分
	8 ± 0.05		3	超差不得分
倒角	$2\times45°$	四处	2×4	不合格不得分
	$1\times45°$			不合格不得分
形位公差	0.10 0.10 0.10		5×3	不合格不得分
外观	工件完整		5	不完整扣分
安全	安全文明操作		5	违章扣分

实训 10　组合零件加工综合训练

实训目的

(1) 了解数控车床恒定切削速度和刀尖圆弧自动补偿功能。

(2) 能够正确地对复杂的轴类零件进行数控车削工艺分析。

(3) 掌握 G96、G97、G41、G42、G40 编程指令，提高综合运用能力。

(4) 通过对复杂轴类零件的加工，掌握数控车削加工的方法。

(5) 能严格遵守生产规章制度，爱护设备，养成良好的职业习惯。

(6) 掌握先进的制造技术，勇于创新，培养精益求精的工匠精神。

实训设备、材料及工具

(1) 数控车床。

(2) 游标卡尺 0～150mm，外径千分尺 0～25mm、25～50mm、50～75mm，深度尺 0～150mm，螺纹规。

(3) 外圆车刀、切槽刀、螺纹刀、内孔车刀。

(4) 零件毛坯。

实训内容

1. 恒表面切削速度控制（G96、G97）

为了保证零件的加工精度、减少表面粗糙度值和提高生产率，特别是当工件直径相差较大时，应尽量选择合适的切削线速度并保持恒定。这时可用恒线速度控制指令 G96。指令格式如下：

G96 S——恒线速度，单位为 m/min。

G97 S——恒转速。

G50 S——S 后跟最大主轴速度值（r/min）。

G96（恒线速度控制指令）是模态 G 代码。在指定 G96 指令后，程序进入恒表面速度控制方式（G96 方式）且以指定 S 值作为表面速度。G96 指令必须指定恒线速度。G97 指令取消 G96 方式。在用恒线速度控制时，主轴速度若高于 G50S ＿；（最大主轴速度）中规定的值，就被限定在最大主轴速度。若通电时尚未指定最大主轴速度，则主轴速度不被限制。G96 程序段的 S（速度）指令被当作 S＝0（速度是 0），直到程序中出现 M03（主轴正转）或 M04（主轴反转）。

2. 刀尖圆弧自动补偿功能（G40、G41、G42）

编程时，通常将车刀尖作为一点来考虑，但实际上刀尖处存在圆角，当用按理论刀尖点编出的程序进行端面、外径、内径等与轴线平行或垂直的表面加工时，是会产生误差的。但在进行倒角、锥面及圆弧切削时，则会产生少切或过切现象，具有刀尖圆弧自动补偿功能的数控系统能根据刀尖圆弧半径计算出补偿量，从而可以避免少切或过切现象的产生。

刀尖圆弧自动补偿功能指令如下：

G40——取消刀尖圆弧半径补偿，按程序路径进给。

G41——左偏刀尖圆弧半径补偿，按程序路径前进方向，刀具偏在零件左侧进给。

G42——右偏刀尖圆弧半径补偿，按程序路径前进方向，刀具偏在零件右侧进给。

在加工工件之前，要把刀尖半径补偿的有关数据输入存储器中，以便使数控系统对刀尖的圆弧半径所引起的误差进行自动补偿。

（1）刀尖半径。工件的形状与刀尖半径的大小有直接的关系，必须将刀尖圆弧半径输入存储器中。

（2）车刀的形状和位置参数。车刀的形状有很多，它能决定刀尖圆弧所处的位置，因此也要把代表车刀形状和位置的参数输入存储器中。我们将车刀的形状和位置参数称为刀尖方位 T。

（3）参数的输入。与每个刀具补偿号相对应有一组 X 和 Z 的刀具补偿值、刀尖圆弧半径 R 以及刀尖方位 T 值，输入刀尖圆弧半径补偿值时，就是要将参数 R 和 T 输入存储器中。例如，某程序中编入程序段：N100 G00 G42 X100 Z3 T0101。

微课视频

轴类零件编程

3. 实训案例

加工如图 1-53 所示的零件。毛坯为 ϕ60mm×95mm 的棒料，从右端至左端轴向走刀切削，粗加工每次背吃刀量为 2.0mm，进给量为 0.25mm/r，精加工余量 X 方向 0.4mm、Z 方向 0.1mm，切槽刀刃宽 4mm。

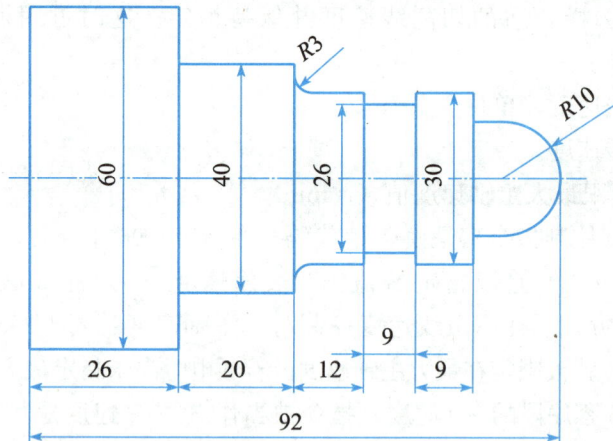

图 1-53 零件图

该零件结构较为复杂，不但有外圆、槽，还有圆弧面，较适合在数控车床上加工。轴向尺寸 92mm，采用三爪自定心卡盘即可，选工件回转轴线及右侧面的交点为加工坐标系原点。

（1）选择刀具编号并确定换刀点。

根据加工要求选用 3 把刀具，1 号为 90°外圆粗车刀，2 号为 90°外圆左偏精车刀，3 号为外切槽刀。换刀点在 X200 Z200 处。

（2）确定加工路线。

1）车端面。

2）粗车外圆：从右至左切削外轮廓，采用粗车循环 G71。

3）精车外圆：左端 R10 圆弧→ϕ30 外圆→R3 圆角→ϕ40mm 外圆→ϕ60mm 外圆。采用 G70 精加工后车槽。

（3）参考程序。

```
O0006;
G50 S1000;
T0101 M03;
G0 G99 X60 Z1.0;
G71 U1 R3;
G71 P1 Q2 U1 W0.1 F0.12;
N1 G0 X0;
G1 Z0;
G03 X20 Z-20 R10;
G1 W-15;
X26;
W-28;
G02 X32 W-3 R3;
G01 X40;
W-20;
X60;
N2 W-26;
G0 X200. Z200;
T0202 M03;
G96 S240;
G0 X60 Z1;
G70 P1 Q2 F0.2;
G0 X200 Z200;
T0303 M03;
G97 S500;
G00 G99 X31.0 Z-29.0;
G01 X26.0 F0.05;          进刀时进给量为 0.05mm/r
G04 X28;
G01 X62.0 F0.2;          退刀时进给量为 0.2mm/r
G00 Z-33.0;
G01 X26.0 F0.05;
G04 X28;
G01 X62.0 F0.2;
G00 Z-34.0;
G01 X26.0 F0.05;
G04 X2;
```

```
G00 X62.0 F0.2;
G00 X200.0 Z200.0 M05;
M30;                          程序结束
```

实训步骤

（1）分析工件图样，选择定位基准和加工方法，确定走刀路线，选择刀具和装夹方法，确定各切削用量参数，填写数控车床加工工艺卡。

（2）根据零件的加工工艺分析和使用数控车床的编程指令说明，编写加工程序。

（3）根据零件图要求，选择合适的量具对工件进行检测，并对零件进行质量分析。

注意事项

（1）安全第一，学生的实训必须在教师的指导下，严格按照数控车床的安全操作规程，有步骤地进行。

（2）根据零件特点，选择合适的编程指令简化程序。

（3）程序中的刀具起始位置要考虑到毛坯尺寸的大小，换刀位置应考虑刀架与工件及机床尾座之间的距离应足够大，否则，将发生严重事故。

（4）加工零件过程中一定要提高警惕，将手放在"急停"按钮上，若遇紧急情况，则迅速按下"急停"按钮，以防止意外事故发生。

同步训练

工量刃具准备单

一、材料准备							
材　质		铝合金或45号钢	**尺　寸**			**数　量**	1件

二、设备、工具、刀具、量具						
序号	分类	名称	尺寸规格	单位	数量	备注
1	设备	数控车床		台	1	
2	刃具	外圆车刀		把	2	
		外螺纹刀		把	1	
		切断刀		把	1	
3	工具系统	刀具扳手		套	1	相配的弹性套
4	工具	锉刀		套	1	
		铜片			若干	
		夹紧工具		套	1	
		刷子		把	1	
		油壶		把	1	
		清洗油			适量	
		粗糙度样板	N0~N1	副	1	
		紫铜棒		根	1	
5	量具	0~150mm 游标卡尺		把	1	
		百分表		只	1	
		磁性表座	0~5mm	套	1	
6	其他	草稿纸			适量	
		计算器		个	1	
		工作服		套	1	
		护目镜		副	1	

技能鉴定考核件

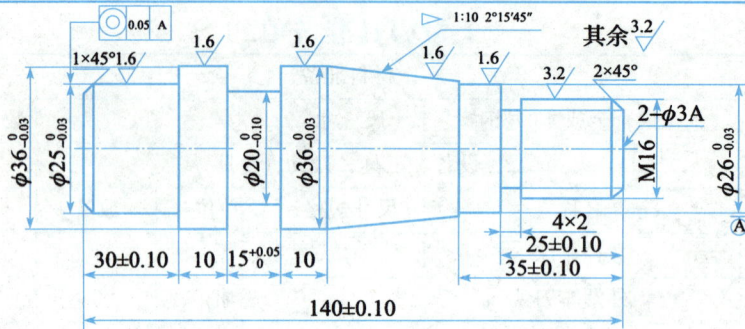

微课视频

组合件加工

要求：
1. 各表面不许用砂布抛光
2. 保留两端中心孔
3. 未注明倒角 0.5×45°

材料：45 号钢
毛坯：$\phi40\times145$
时间：210 分钟

项目	内容		配分	评分标准
外圆	外圆公差	四处	5×4	超 0.01 扣 2 分，超 0.2 不扣分
	外圆 $Ra3.2$	四处	3×4	$Ra>1.6$ 不得分
槽	$\phi20_{-0.016}^{0}$ $Ra3.2$		5/3	超差，$Ra>13.2$ 不得分
	15 ± 0.05		6	超 0.02 不得分
锥	1：10 $Ra1.6$		6/4	超 +0.05，$Ra>1.6$ 不得分
螺纹	$\phi16$ $Ra3.2$	两侧	3/4	超 $\phi16_{-0.16}^{0}$ 不得分
	$\phi14.7_{-0.16}^{0}$		6	超 0.01 扣 1 分，超 0.03 不得分
长度	长度公差	四处	2×4	超差不得分
	10	两处	1×2	超差不得分
倒角	倒角	两处	2×2	未倒不得分
	清角去锐边	七处	1×7	未倒不得分
位置	同轴度		5	超 0.01 扣 1 分，超 0.02 不得分
外观	工件完整		2	不完整扣分
安全	安全文明操作		3	违章扣分

学习目标

知识目标

▶ 认识数控铣床。
▶ 学习工件安装、刀具选择、程序的编辑输入和对刀等基本操作。
▶ 学习数控车床的常用 F、S、T 和 M 代码。
▶ 熟悉 G 代码。

能力目标

▶ 具有根据图纸编辑加工程序进行数控铣床加工的能力。

素养目标

▶ 正确执行安全操作规程，树立安全意识。
▶ 培养爱岗敬业的精神。

任务 1　数控铣床简介

2.1.1　数控铣床概述

　　数控铣床是采用铣削加工方式加工工件的数控机床。其加工功能很强，能够铣削各种平面轮廓和立体轮廓零件，如凸轮、模具、叶片、螺旋桨等。配上相应的刀具后，数控铣床还可以用来对零件进行钻、扩、铰、锪和镗孔加工及螺纹加工等。尽管随着加工中心的兴起，数控铣床在数控机床中的所占比例有所下降，但由于有较低的价格、方便灵活的操作性能、较短的准备工作时间等优势，数控铣床仍被广泛地应用在制造行业。

2.1.2 数控铣床的分类及加工对象

1. 数控铣床的分类

数控铣床种类很多:按机床的体积大小,可分为小型、中型和大型数控铣床;按控制坐标的联动数,可分为二轴半、三轴、三轴半、四轴、五轴等联动数控铣床,半轴是指该轴只能作单独运动,不能与其他各轴联动;按机床的主轴布局形式,可分为立式、卧式和立卧两用数控铣床。

(1) 立式数控铣床。

立式数控铣床是数控铣床中最常见、应用范围最广的一种布局形式,其主轴轴线垂直于水平面。此类机床以二轴半、三轴联动居多,若附加一个旋转坐标,并加以控制,即称为四轴联动数控铣床。立式数控铣床如图 2-1 所示。

(2) 卧式数控铣床。

卧式数控铣床的主轴轴线平行于水平面,主要用来加工零件的侧面。为扩大加工范围,一般增加数控转盘实现三轴半、四轴甚至五轴联动。这样,工件经过一次装夹、数次转动而完成多方位的加工,尤其在箱体类零件加工中具有明显的优势。卧式数控铣床如图 2-2 所示。

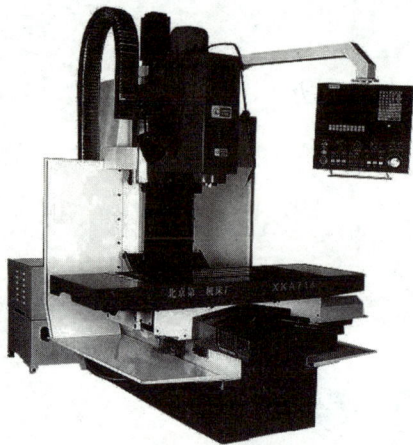

图 2-1 立式数控铣床   图 2-2 卧式数控铣床

(3) 立卧两用数控铣床。

立卧两用数控铣床的主轴轴线方向可以变换,使一台机床既具有立式数控铣床的功能又具有卧式数控铣床的特点,使机床的适用范围更加广泛。但此类机床结构复杂,价格昂贵,比较少见。立卧两用数控铣床如图 2-3 所示。

(4) 龙门式数控铣床。

龙门式数控铣床简称龙门铣,是具有门式框架和卧式长床身的铣床。龙门铣床上可以用多把铣刀同时加工表面,加工精度和生产效率都比较高,适用于在成批和大量生产中加工大型工件的平面和斜面。龙门式数控铣床还可加工空间曲面和一些特型零件。龙门式数控铣床如图 2-4 所示。

图 2-3　立卧两用数控铣床

图 2-4　龙门式数控铣床

2. 数控铣床的加工对象

数控铣床可以加工许多普通铣床难以加工甚至无法加工的零件。它以铣削加工为主，辅以各种孔加工方式以及螺纹铣削，主要可加工以下种类的零件。

（1）平面类零件。

平面类零件的各个加工单元面均为平面，或者可以展开为平面。这类零件的数控铣削或孔加工相对比较简单，主要有平面凸轮、齿轮箱体和法兰盘等零件。

（2）变斜角类零件。

变斜角类零件是指加工面与水平面的夹角呈连续变化的零件，其加工面不能展开为平面。此类零件如飞机上的零件和移动凸轮等。

（3）曲面类零件。

曲面类零件的加工面为空间曲面，其加工面不但不能展开为平面，而且在加工过程中，加工面与铣刀始终为点接触。此类零件有模具型芯与型腔、叶轮和螺旋桨等。

2.1.3　XK850 数控铣床简介

要正确使用一台数控铣床并充分发挥其功能，必须了解数控铣床的结构和技术参数。在此以 XK850 数控铣床为例介绍数控铣床的结构和技术参数，如图 2-5 所示。

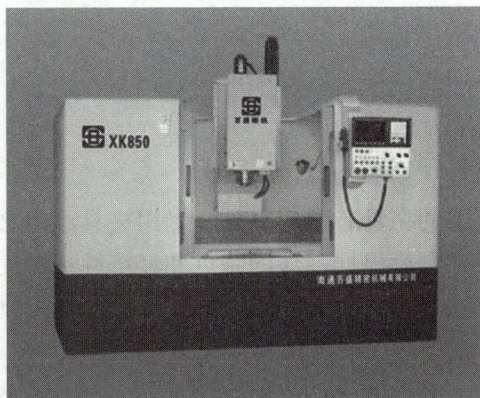

图 2-5　XK850 数控铣床

　　XK850 是能进行重切削、高转速、高速进给的三坐标立式数控铣床，配备先进的 FANUC 0i 数控系统，能完成铣、镗、钻等切削运动。铣床基本部件均采用优质铸铁，运动坐标为矩形导轨，具有摩擦系数小、寿命长、减振性能好、定位精度高、接触面大、承载能力强等优点。

　　铣床主轴采用电机-同步齿行带-主轴的传动方式，可获得较高的转速并降低振动和噪声，有利于高速和高精度加工；同时采用高性能变频高速技术，数控系统可配置标准 RS232 接口，因而铣床可以进入 DNC 系统，或者进入无人化车间自动运行。

1. 主要技术参数

　　主要技术参数见表 2－1。

表 2－1　主要技术参数

工作台	XK750	XK855
工作台工作面尺寸（mm）	900×450	950×460
T 型槽槽宽（mm）×个数	2×18	2×18
工作台承重（kg）	600	600
■ 行程		
X 轴行程（mm）	750	850
Y 轴行程（mm）	450	550
Z 轴行程（mm）	580	600
主轴端面距工作台面距离（mm）	100～680	10～700
主轴中心线至立柱导轨面距离（mm）	520	570
■ 主轴		
主轴电机功率（kW）	7.5	7.5
主轴最高转速（r/min）	6 000	8 000
主轴锥孔	BT40	BT40
■ 精度（按 JB/T 8771.4—1998 执行）		
定位精度（mm）	0.016/全行程	0.018/全行程
重复定位精度（mm）	0.006	0.008
■ 铣床总体		
铣床质量（T）	3.5	5

2. 数控铣床常用附件

　　（1）数控铣床使用的夹具。

　　在数控铣削加工中使用的夹具有通用夹具、专用夹具、组合夹具以及较先进的工件统一基准定位装夹系统等，主要根据零件的特点和经济性选择使用。

　　1）通用夹具。它具有较大的灵活性和经济性，在数控铣削中应用广泛。常用的有各种机械虎钳或液压虎钳。

　　2）组合夹具。它是铣床夹具中一种标准化、系列化、通用化程度很高的新型工艺装备。它可以根据工件的工艺要求，采用搭积木的方式组装成各种专用夹具。

组合夹具的特点：灵活多变，为生产迅速提供夹具，缩短生产准备周期；保证加工质量，提高生产效率；节约人力、物力和财力；减少夹具存放面积，改善管理工作。

组合夹具的不足之处：比较笨重，刚性也不如专用夹具好，组装成套的组合夹具必须有大量元件储备，初期投资的费用较大。

（2）数控回转工作台。

数控回转工作台是各类数控铣床和加工中心的理想配套附件，有立式回转工作台、卧式回转工作台和立卧两用回转工作台等不同类型。工作台工作时，利用主机的控制系统或专门配套的控制系统，完成与主机相协调的各种必需的分度回转运动。工作台上可安置板、盘或其他形状较复杂的被加工零件，也可利用与之配套的尾座安装棒、轴类长径比较大的被加工零件，实现等分或不等分的、连续的孔、槽、曲面的加工。

（3）柔性夹具。

柔性夹具是以组合夹具为基础，能适用于不同铣床、不同产品或同一产品不同规格型号的铣床夹具，它由一套预先制造好的各种不同形状、不同尺寸规格和不同功能的系列化、标准化元件组成。柔性夹具元件具有较好的互换性和较高的精度及耐磨性，可根据不同铣床和不同零件的加工要求，选用配套的部分元件组成所需要的夹具。柔性夹具元件根据自身结构特点和使用情况的不同被分为三个系列：槽系列夹具元件、孔系列夹具元件、光面系列夹具元件。

> 📹 微课视频
>
> 数控铣削
> 加工工艺

任务 2 数控铣床加工工艺

2.2.1 常用代码及说明

1. 数控铣床常用 G 代码

FANUC 0i 及广州数控 980M 系统数控铣床常用 G 代码见表 2 - 2。

表 2 - 2 **FANUC 0i 及广州数控 980M 系统数控铣床常用 G 代码**

代码	组别	功能	备注
G00	01	快速定位	电源接通时状态
G01		直线插补	
G02		顺时针圆弧插补	
G03		逆时针圆弧插补	
G04	00	暂停	仅在本程序段有效
G15	17	极坐标指令取消	
G16		极坐标指令	

续表

代码	组别	功能	备注
G17	02	选择 XY 平面	电源接通时状态
G18		选择 XZ 平面	
G19		选择 YZ 平面	
G20	06	英制输入	电源接通时状态
G21		公制输入	
G27	00	返回参考点检测	仅在本程序段有效
G28		返回参考点	
G29		从参考点返回	
G30		返回第二参考点	
G40	07	取消刀尖半径补偿	电源接通时状态
G41		刀尖半径左补偿	
G42		刀尖半径右补偿	
G43	08	刀具长度正补偿	
G44		刀具长度负补偿	
G49		撤销刀具长度补偿	
G50	11	比例缩放撤销	
G51		比例功能有效	
G53	00	选择机床坐标系	仅在本程序段有效
G54	14	选择第一工件坐标系	
G55		选择第二工件坐标系	
G56		选择第三工件坐标系	
G57		选择第四工件坐标系	
G58		选择第五工件坐标系	
G59		选择第六工件坐标系	
G65	00	宏程序调用	仅在本程序段有效
G66	12	宏程序模态调用	
G67		宏程序模态调用取消	
G68	16	坐标系旋转	
G69		坐标系旋转取消	
G73	09	深孔钻削循环	
G74		攻螺纹循环	

续表

代码	组别	功能	备注
G76	09	精镗循环	
G80		撤销固定循环	
G81		固定钻孔循环	
G85		镗孔循环	
G86		镗孔循环	
G90	03	绝对尺寸编程	电源接通时状态
G91		增量尺寸编程	
G92	00	建立工件坐标系	仅在本程序段有效
G94	05	每分进给量	电源接通时状态
G95		每转进给量	
G98	04	固定循环中，Z 轴返回起始点	电源接通时状态
G99		固定循环中，Z 轴返回 R 平面	

2. 主要 G 代码编程格式与说明简介

FANUC 0i 系统及广州数控 980M 系统主要 G 代码用途、编程格式与说明见表 2-3。

表 2-3　FANUC 0i 系统及广州数控 980M 系统主要 G 代码用途、编程格式与说明

代码	用途、编程格式与说明	
G00	用途	快速定位刀具，不对工件进行切削加工
	编程格式	G00 X＿ Y＿ Z＿；
	说明	X、Y、Z 表示目标点的坐标，由系统参数指定进给量
G01	用途	直线插补功能，按指定的进给量对工件进行切削加工
	编程格式	G01 X＿ Y＿ Z＿ F＿；
	说明	由 F 参数指定进给量
G02/G03	用途	在指定平面上按指定的进给量进行圆弧插补
	编程格式	G17 G02/03 X＿ Y＿ I＿ J＿ F＿；
		G17 G02/03 X＿ Y＿ R＿ F＿；
		G18 G02/03 X＿ Z＿ I＿ K＿ F＿；
		G18 G02/03 X＿ Z＿ R＿ F＿；
		G19 G02/03 Y＿ Z＿ J＿ K＿ F＿；
		G19 G02/03 Y＿ Z＿ R＿ F＿；
	说明	G17、G18、G19 分别为 XY、XZ、YZ 平面圆弧；G02、G03 为顺圆、逆圆插补；X、Y、Z 为圆弧的终点坐标；I、J、K 为由起点指向圆心在 X、Y、Z 方向的分矢量；R 为圆弧半径，圆心角＞180°时取负值，其余取正值。注意：整圆不能用 R 方式编程

续表

代码	用途、编程格式与说明	
G04	用途	中断进给，用于锪平面等
	编程格式	G04 X＿；　　　G04 P＿；
	说明	X、P 表示暂停时间。X 单位为 s，表示暂停多少秒；P 后面数字为整数，单位为 ms
G17/G18/G19	用途	选择坐标平面
	格式	G17/G18/G19；
	说明	G17 表示 XY 平面加工，G18 表示 XZ 平面加工，G19 表示 YZ 平面加工
G20/G21	用途	利用代码把所有的几何值转换为英制或公制尺寸
	编程格式	G20/G21；
	说明	G20 表示英制尺寸指令，G21 表示公制尺寸指令
G40～G42	用途	建立或取消刀具半径补偿
	编程格式	G17/G18/G19 G40/G41/G42 G00/G01 D＿ X＿ Y＿/D＿ X＿ Z＿/D＿ Y＿ Z＿；
	说明	G41/G40、G42/G40 必须成对使用；D 为刀具半径补偿代号
G43/G44/G49	用途	建立或取消刀具长度补偿
	编程格式	G00/G01 G43/G44 Z＿ H＿；G49 或 G43/G44 H00；
	说明	G43 表示刀具长度正补偿，其 Z 值＝指令值＋H 寄存器中数值；G44 表示刀具长度负补偿，其 Z 值＝指令值－H 寄存器中数值；G49 表示取消刀具长度补偿；G43/G44 H00 表示取消刀具长度补偿
G53	用途	建立机床坐标系
	编程格式	G53 X＿ Y＿ Z＿；
	说明	X、Y、Z 为目标点在机床坐标系中的坐标，必须为绝对坐标
G54～G59	用途	选择工件坐标系（零点偏移）
	编程格式	G54/G59 G90 G00/G01 X＿ Y＿ Z＿；
	说明	G54～G59 表示选择第一至第六工件坐标系
G73～G86	用途	孔加工固定循环
	编程格式	G×× X＿ Y＿ Z＿ R＿ Q＿ P＿ F＿ K＿；
	说明	X、Y 为孔位置坐标，Z 为孔底位置，R 为 R 点平面，Q 为切入量或偏移量，P 为孔底停留时间，K 为重复次数

续表

代码	用途、编程格式与说明	
G90/G91	用途	绝对/增量尺寸编程
	编程格式	G90/G91 X＿ Y＿ Z＿;
	说明	G90 后坐标值为绝对尺寸，G91 后坐标值为增量尺寸
G92	用途	建立工件坐标系
	编程格式	G92 X＿ Y＿ Z＿;
	说明	X、Y、Z 为刀具刀位点在工件坐标系中的初始位置坐标

2.2.2 铣削运动

在铣削加工中，工件表面的形状、尺寸及相互位置关系是通过刀具相对于工件的运动形成的，其运动可分为切削运动（表面形成运动）和辅助运动两类。切削运动是使工件获得所要求的表面形状和尺寸的运动，是机床最基本的运动，按其在切削加工中所起作用的不同，一般分为主运动和进给运动；辅助运动主要包括刀具、工件、机床部件位置的调整，工件分度、刀架转位、送夹料，启动、变速、停止和自动换刀等运动。铣削加工工件表面形成如图 2-6 所示。

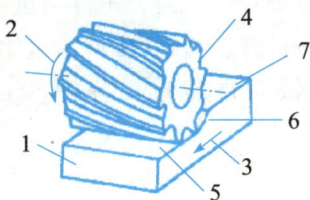

1—工件；2—主运动；3—进给运动；4—铣刀；
5—已加工表面；6—过渡表面；7—待加工表面
图 2-6 铣削加工工件表面形成

1. 主运动

主运动是指直接切除工件上的多余材料，以形成需要的工件新表面的基本运动。主运动通常是切削运动中速度最高、消耗功率最多的运动。主运动是衡量一台机床切削材料能力的一个重要指标，它一般用主电机的功率和转速来衡量。铣床上的主运动是指铣刀的旋转运动。

2. 进给运动

进给运动是将切削层间歇地或连续地投入切削，以逐渐完成整个工件表面的运动。在铣削加工中，进给运动一般包括 X、Y、Z 三个坐标轴的运动。进给运动的特点是速度相对较低，耗损的功率也少。

3. 表面成形运动

在实际加工过程中，主运动和进给运动一般是同时进行的，此时刀具切削刃上选定点与工件间的相对运动是主运动和进给运动的合成运动，即表面成形运动。在表面成形运动过程中，工件处于被加工状态，工件上有三个不断变化的表面（如图 2-6 所示），即：

（1）已加工表面：工件上经刀具切除材料后产生的新表面。

（2）过渡表面：切削刃正在切削的表面。

（3）待加工表面：即将被切除切削层的表面。

4. 铣削三要素

铣削三要素是指切削速度（v_c）、进给量（f）和背吃刀量（切削深度）（a_p）。

（1）切削速度（v_c）。

主运动的线速度称为切削速度。由于铣床的主运动是指铣刀的旋转运动，因此铣削的切削速度是指铣刀外圆上刀刃运动的线速度。

$$v_c = \pi dn / 1\,000 (\text{m/min})$$

式中：d——铣刀的直径（mm）；

n——铣刀的转速（r/min）。

在加工过程中，习惯的做法是将切削速度（v_c）转算成机床的主轴转速（n）。在数控铣床中，用 S 后加不同的数字来设定主轴转速。

（2）进给量（f）。

进给运动速度的大小称为进给量，它一般有三种表示方法，即：

1）每齿进给量（f_z）：铣刀每转过一齿，工件沿进给方向所移动的距离（mm/z）。

2）每转进给量（f）：铣刀每转过一转，工件沿进给方向所移动的距离（mm/r）。

3）每分钟进给量（v_f）：铣刀每旋转一分钟，工件沿进给方向所移动的距离（mm/min）。

上述三种进给量的关系是：

$$v_f = nf = nzf_z$$

式中：z——铣刀齿数。

（3）背吃刀量（切削深度）（a_p）。

铣削时铣刀的吃刀量包括背吃刀量（a_p）和侧吃刀量（a_e）。背吃刀量（a_p）是指切削过程中沿刀具轴线方向工件被切削的切削层尺寸（单位为 mm），侧吃刀量（a_e）是指垂直于刀具轴线方向和进给运动方向所在平面的方向上工件被切削的切削层尺寸（单位为 mm）。

2.2.3 铣床夹具

1. 铣床夹具的基本要求

在数控铣削加工中一般不要求很复杂的夹具，只要求简单的定位、夹紧就可以了，其基本要求为：

（1）为保证工件在本工序中所有需要完成的待加工面充分暴露在外，以方便加工，夹具要尽可能开敞，同时考虑铣床主轴与工作台面之间的最小距离和刀具的装夹长度，确保在主轴的行程范围内能使工件的加工内容全部完成，并防止夹具与铣床主轴套筒或

微课视频

数控车床刀具
与夹具

刀套、刃具在加工过程中发生干涉。

（2）为保持零件的安装方位与铣床坐标系及编程坐标系方向的一致性，夹具应保证在铣床上实现定向安装，还要求协调零件定位面与铣床之间保持一定的坐标联系。

（3）夹具的刚性与稳定性要好，选择合适的夹点数量及位置。尽量不采用在加工过程中更换夹紧点的设计，当必须在加工过程中更换夹紧点时，要特别注意不能因更换夹紧点而破坏夹具或工件的定位精度。

2. 铣床夹具的种类

数控铣削加工常用的夹具大致有以下几种：

（1）万能组合夹具。这类夹具适合小批量生产或研制时的中小型工件在数控铣床上进行铣削加工。

（2）专用铣削夹具。这类夹具是特别为某一项或类似的几项工件设计、制造的夹具，一般在年产量较大或研制时非要不可时采用。其结构固定，仅适用于一个具体零件的具体工序。这类夹具设计应力求简化，使制造时间尽量缩短。

（3）多工位夹具。这类夹具可以同时装夹多个工件，可减少换刀次数，以便于一边加工，一边装卸工件，有利于缩短辅助时间，提高生产率，较适合中批量生产。

（4）气动或液压夹具。这类夹具适合 FMS 或生产批量较大的场合中采用其他夹具又特别费工、费力的工件，能减轻工人劳动强度和提高生产率。但这类夹具结构较复杂，造价往往很高，而且制造周期较长。

（5）通用铣削夹具。这类夹具有通用可调夹具、虎钳、分度头和三爪卡盘等。

3. 数控铣床夹具的选用原则

在选用夹具时，通常需要考虑产品的生产批量、生产效率、质量保证及经济性，选用时可参考下列原则：

（1）单件生产或新产品研制时，应广泛采用万能组合夹具，只有在万能组合夹具无法解决时才考虑采用其他夹具。

（2）小批量或成批生产时可考虑采用专用铣削夹具，但应尽量简单。

（3）生产批量较大时可考虑采用多工位夹具、气动或液压夹具。

4. 铣床常用夹具

（1）机用平口钳。

在铣削形状比较规则的零件时常用机用平口钳装夹。机用平口钳是利用螺杆或其他机构使两个钳口作相对移动而夹持工件的工具。如图 2-7 所示，它由底座、钳身、钳口垫、固定钳口、活动钳口以及使活动钳口移动的螺杆组成。

（2）螺钉压板。

用螺钉压板装夹工件是铣削加工的最基本方法，也是最通用的方法，使用时利用 T 型槽螺钉和压板将工件固定在机床工作台上即可（如图 2-8 所示）。装夹工件时，需要根据工件装夹精度要求，用百分表等找正工件，或者使用其他定位方式定位。

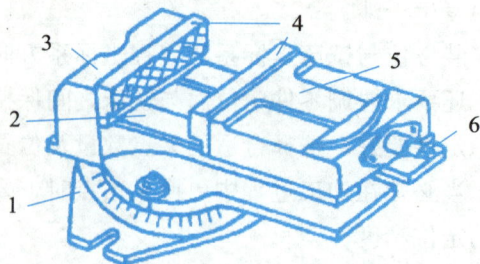

1—底座；2—钳身；3—固定钳口；4—钳口垫；5—活动钳口；6—螺杆

图 2-7　机用平口钳的结构

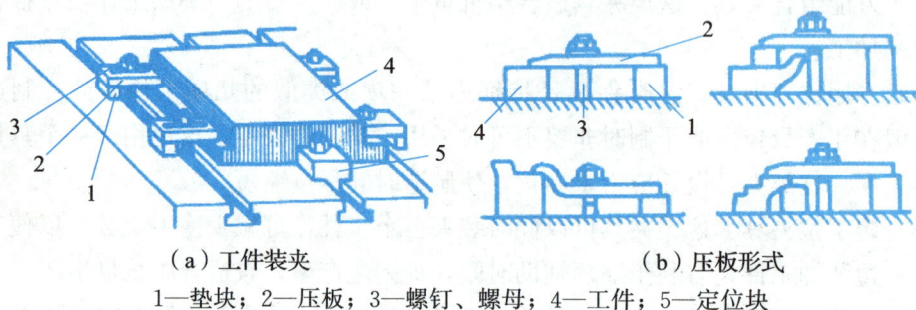

（a）工件装夹　　　　　　　　　　（b）压板形式

1—垫块；2—压板；3—螺钉、螺母；4—工件；5—定位块

图 2-8　螺钉压板装夹工件

（3）铣床用卡盘。

当需要在数控铣床上加工回转体零件时，可以采用三爪卡盘装夹，对于非回转零件可采用四爪卡盘装夹。铣床用卡盘的使用方法与车床用卡盘相似，使用时用 T 型槽螺栓将卡盘固定在机床工作台上即可。铣床用卡盘既可以卧式装夹，用于回转体零件的侧面加工，也可以立式装夹，用于铣削端面，在端面上加工各种孔、槽等。

（4）组合夹具。

组合夹具是机床夹具中一种标准化、系列化和通用化程度较高的工艺装备。它在新产品研制和单件、小批量生产方面有着很大的优越性，在数控铣床上使用组合夹具可以更好地提高生产率和经济效益。组合夹具是在专用夹具的基础上发展起来的一种夹具。按照用途的不同，组合夹具一般由基础件、支承件、定位件、导向件、压紧件、紧固件、其他件、合件八类构件组成（如图 2-9 所示）。

2.2.4　铣床刀具

1. 铣床常用刀具

（1）铣刀。

不管是什么形式的铣刀，从其基本组成上来看都包括两大部分，即参加切削的刀头部分和夹持刀具的刀柄部分。我们这里所说的刀具种类和刀具材料，一般指的是参加切削的刀头部分。

1）铣刀种类。

铣刀从结构上看可分为整体式和镶嵌式，镶嵌式可分为焊接式和机夹式。机夹式根

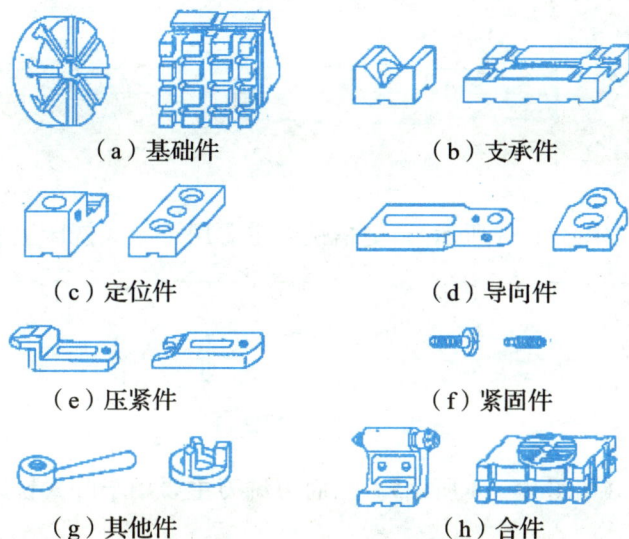

（a）基础件 （b）支承件

（c）定位件 （d）导向件

（e）压紧件 （f）紧固件

（g）其他件 （h）合件

图2-9 组合夹具的组成

据刀体结构不同，可分为可转位和不转位。铣刀按其制造所采用的材料可分为高速钢刀具、硬质合金刀具、陶瓷刀具、立方氮化硼刀具和金刚石刀具等。

2）常用铣刀。

根据加工对象的不同，可选择不同类型的铣刀来完成切削任务。常见的铣刀有圆柱面铣刀、端面铣刀、立铣刀、键槽铣刀、三面刃铣刀、模具铣刀等。

①圆柱面铣刀（如图2-10所示）。圆柱面铣刀主要用于卧式铣床上加工平面。

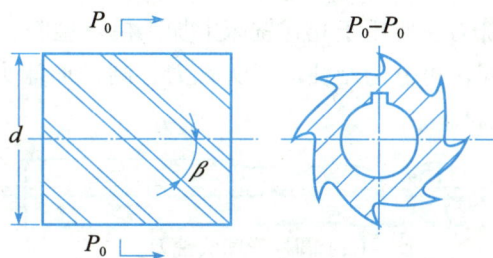

图2-10 圆柱面铣刀

②端面铣刀（如图2-11所示）。端面铣刀主要用于立式铣床上加工平面、台阶面等。

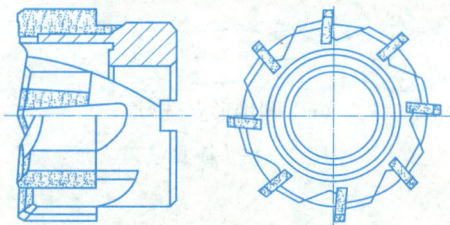

图2-11 端面铣刀

③立铣刀（如图2-12所示）。立铣刀主要用于立式铣床上加工凹槽、台阶面、成

型面等。

图 2 - 12　立铣刀

④键槽铣刀（如图 2 - 13 所示）。键槽铣刀主要用于立式铣床上加工（圆头）封闭键槽等。

图 2 - 13　键槽铣刀

⑤三面刃铣刀（如图 2 - 14 所示）。三面刃铣刀主要用于卧式铣床上加工槽、台阶面等。

图 2 - 14　三面刃铣刀

⑥模具铣刀。模具铣刀主要用于立式铣床上加工模具型腔、三维成型表面等。模具铣刀按工作部分形状不同，可分为圆柱形球头铣刀、圆锥形球头铣刀和圆锥形立铣刀 3 种形式（如图 2 - 15 所示）。

（a）圆柱形球头铣刀

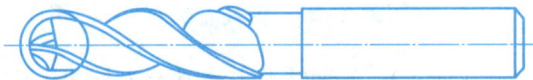

（b）圆锥形球头铣刀

（c）圆锥形立铣刀

图 2 - 15　模具铣刀

（2）常用铣刀材料。

数控铣床用刀具材料可分为：高速钢刀具、硬质合金刀具、涂层硬质合金刀具、陶瓷刀具、金刚石刀具等。

1）高速钢刀具。高速钢是应用范围较广的一种工具钢，它具有很高的强度和韧性，可以承受较大的切削力和冲击，其硬度为60～70HRC。高速钢刀具主要用于加工非金属、铸铁、普通结构钢和低合金钢等。

2）硬质合金刀具。硬质合金的硬度、耐磨性、耐热性很高，但其韧性差、脆性大，承受冲击和振动能力低。它可以用来加工一般的钢等硬材料。

3）涂层硬质合金刀具。涂层硬质合金刀具在使用寿命和加工效率上都比未使用涂层的硬质合金刀具有很大的提高。涂层刀具较好地解决了材料硬度及耐磨性与强度及韧性的矛盾。

4）陶瓷刀具。陶瓷刀具的优点是硬度、耐磨性比硬质合金高十几倍，适于加工冷硬铸铁和淬硬钢；在1 200℃高温下仍能切削，切削速度比硬质合金高2～10倍。陶瓷刀具的缺点是脆性大、强度低、导热性差。陶瓷刀具可对铸铁、淬硬钢等高硬材料进行精加工和半精加工。

5）金刚石刀具。金刚石具有极高的硬度，比硬质合金及切削用陶瓷高几倍。金刚石刀具有很高的导热性，刀刃锋利，粗糙度值小。金刚石刀具的缺点是强度低、脆性大，对振动敏感，与铁元素有强的亲和力。因此，金刚石刀具主要用于加工各种有色金属，也用于加工各种非金属材料。

2. 加工工艺路线

（1）走刀路线的选择。

走刀路线是刀具在整个加工工序中相对于工件的运动轨迹，它不但包括了工序的内容，而且反映了工序的顺序。工序的划分与安排一般可随走刀路线来进行，在确定走刀路线时，应保证零件的加工精度和表面粗糙度要求。

1）如图2-16所示，当铣削平面零件外轮廓时，一般采用立铣刀侧刃切削。刀具切入工件时，应避免沿零件外轮廓的法向切入，而应沿外轮廓曲线延长线的切向切入，以避免在切入处产生刀具的刻痕而影响表面质量，保证零件外轮廓曲线平滑过渡。同理，在切离工件时，也应避免在工件的外轮廓处直接退刀，而应该沿零件外轮廓延长线的切向逐渐切离工件。

2）铣削封闭的内轮廓表面时，若内轮廓曲线允许外延，则应沿切线方向切入切出。若内轮廓曲线不允许外延，如图2-17所示，刀具只能沿内轮廓曲线的法向切入切出，此时刀具的切入切出点应尽量选在内轮廓曲线两个几何元素的交点处。当内部几何元素相切无交点时，为防止刀补取消时在内轮廓拐角处留下凹口，刀具切入切出点应远离拐角。

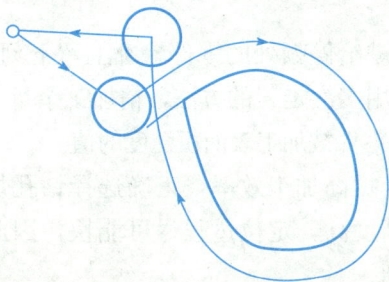

图 2-16　铣削外轮廓刀具切入切出

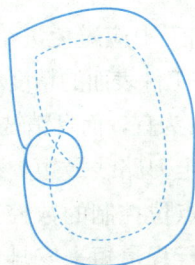

图 2-17　铣削内轮廓刀具切入切出

3）图 2-18 所示为圆弧插补方式铣削外整圆时的走刀路线图。当整圆加工完毕时，不要在切点处直接退刀，而应让刀具沿切线方向多运动一段距离，以免取消刀补时，刀具与工件表面相碰，造成工件报废。铣削内圆弧时也要遵循从切向切入的原则，最好安排从圆弧过渡到圆弧的加工路线，如图 2-19 所示，这样可以提高内孔表面的加工精度和加工质量。

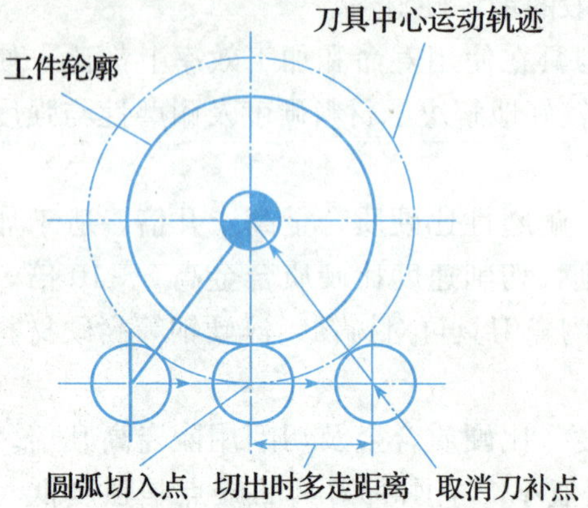

图 2-18　铣削外圆走刀路线 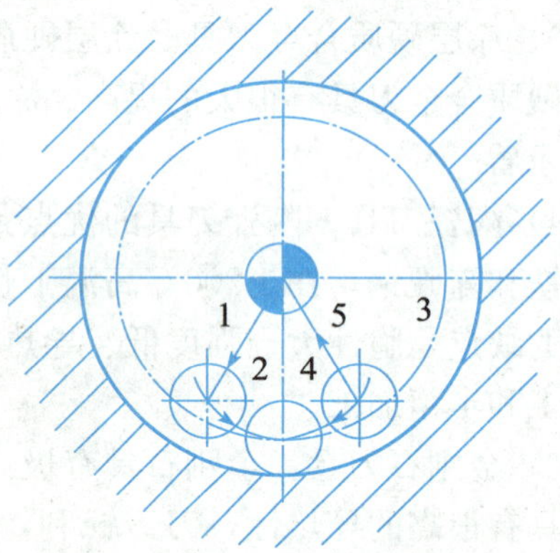　　　　图 2-19　铣削内圆走刀路线

4）对于孔位置精度要求较高的零件，在精镗孔系时，镗孔路线一定要注意各孔的定位方向一致，即采用单向趋近定位点的方法，以避免传动系统反向间隙误差或测量系统的误差对定位精度的影响。

5）铣削曲面时，常用球头铣刀采用行切法进行加工。所谓行切法，是指刀具与零件轮廓的切点轨迹是一行一行的，而行间的距离是按零件加工精度的要求确定的。

在图 2-20 中，左图和中图分别为用行切法加工和环切法加工凹槽的走刀路线，而右图是先用行切法，最后环切一刀光整轮廓表面。三种方案中，左图方案的加工表面质量最差，在周边留有大量的残余；中图方案和右图方案加工后能保证精度，但中图方案采用环切的方案，走刀路线稍长，而且编程计算工作量大。

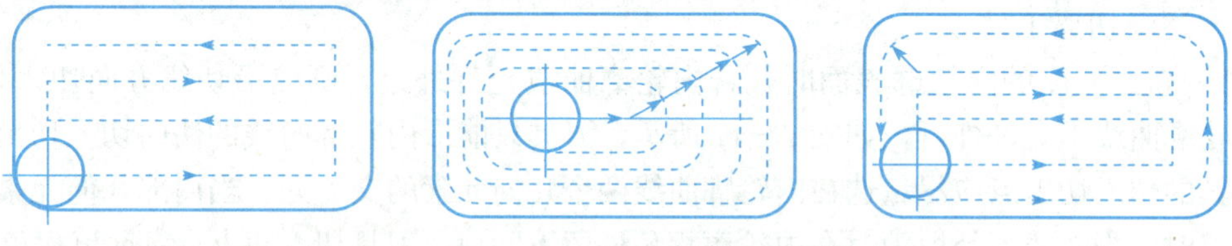

图 2-20　行切法和环切法加工凹槽的走刀路线

6）轮廓加工中应避免进给停顿，因为刀具会在进给停顿处的零件轮廓上留下刻痕。

7）为提高工件表面的精度和降低粗糙度，可以采用多次走刀的方法，精加工余量一般以 0.2～0.5mm 为宜，而且精铣时宜采用顺铣，以减小零件被加工表面粗糙度的值。

（2）应使走刀路线最短，减少刀具空行程时间，提高加工效率，正确选择钻孔加工路线。但是对点位控制的数控铣床而言，要求定位精度高，定位过程尽可能快，因此这类铣床应按空行程最短来安排走刀路线，以节省时间。

（3）使数值计算简单，程序段数量少。

任务 3 数控铣床的操作

2.3.1 FANUC 0iM 数控系统操作面板

XK850 数控铣床操作面板由显示器与 MDI 面板、标准铣床操作面板、手持盒等组成。图 2-21 所示为显示器与 MDI 面板、标准铣床操作面板部分。图 2-22 为手持盒。

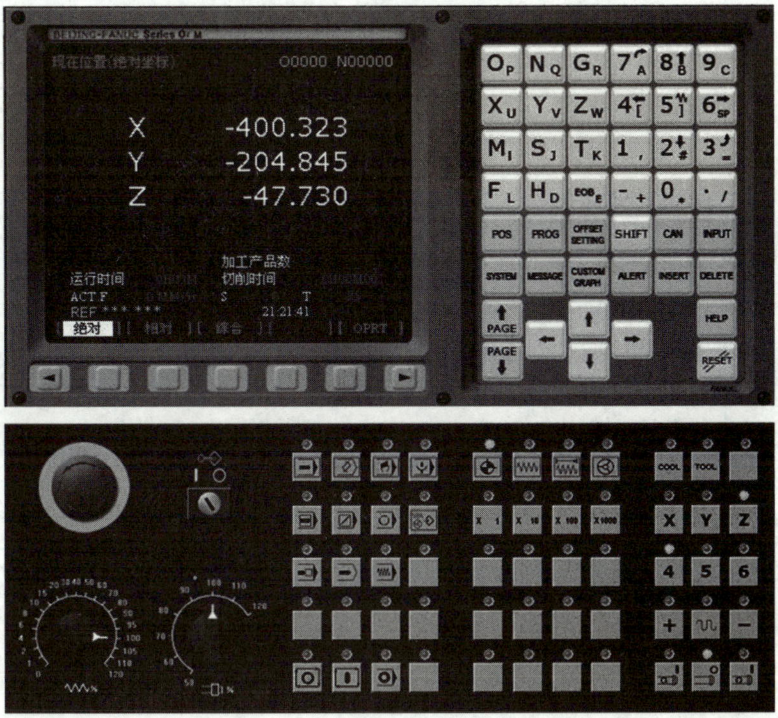

图 2-21 XK850 数控铣床操作面板

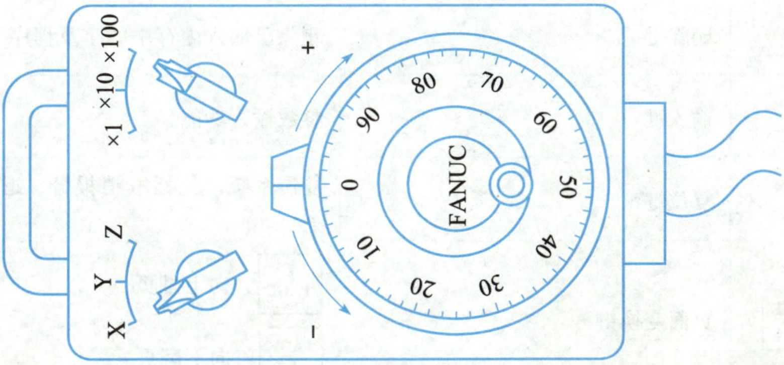

图 2-22 手持盒

1. 显示器与 MDI 面板

显示器与 MDI 面板由一个 LCD 显示器和一个 MDI 键盘构成。MDI 键盘上各键功能见表 2-4。

表 2-4 MDI 面板上各键功能

键	名称	功能说明
Oₚ 等	地址/数字输入键	输入字母、数字和运算符号等
SHIFT	上挡键	切换输入键
EOB E	段结束符键	用于输入每个程序段的结束符";"
POS	位置显示键	显示加工中心坐标位置
PROG	程序键	对程序进行相关操作
OFFSET SETTING	补偿量等参数设定与显示键	设置刀具长度、半径补偿量等
SYSTEM	系统参数键	设置系统参数等
MESSAGE	报警显示键	显示报警内容、报警号
CUSTOM GRAPH	图像显示键	显示当前运行程序的走刀轨迹线形图
INSERT	插入键	编程时插入输入的字（地址、数字）
ALTER	替换键	编程时替换输入的字（地址、数字）
CAN	回退键	清除地址输入栏"〉"后的字符
DELETE	删除键	删除已输入内存中的字及程序
INPUT	输入键	参数输入功能
RESET	复位键	复位系统，包括取消报警、退出自动操作运行
PAGE↑ PAGE↓	页面变换键	PAGE↑：向上翻页 PAGE↓：向下翻页

续表

键	名称	功能说明
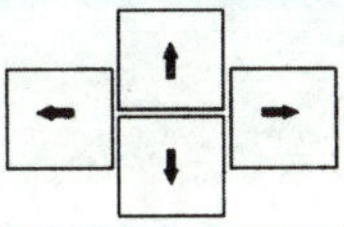 ← ↑ → ↓	光标移动键	上、下、左、右移动光标
HELP	帮助键	获得必要的帮助
 ☐	屏幕软键	 ◀：菜单返回键。返回上一级菜单  ▶：菜单扩展键。进入下一级菜单

2. 标准铣床操作面板

标准铣床操作面板各按键功能见表2-5。

表 2-5　操作面板各按键功能

序号	功能块名称	键	功能说明
1	手动进给倍率开关	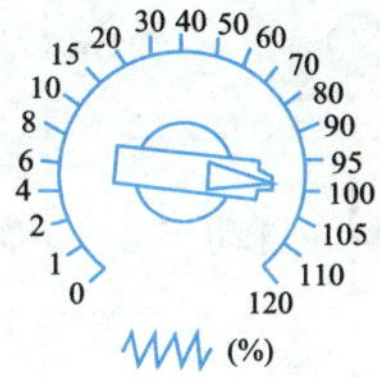	调整各轴手动或自动运行时的移动速度
2	手摇脉冲发生器	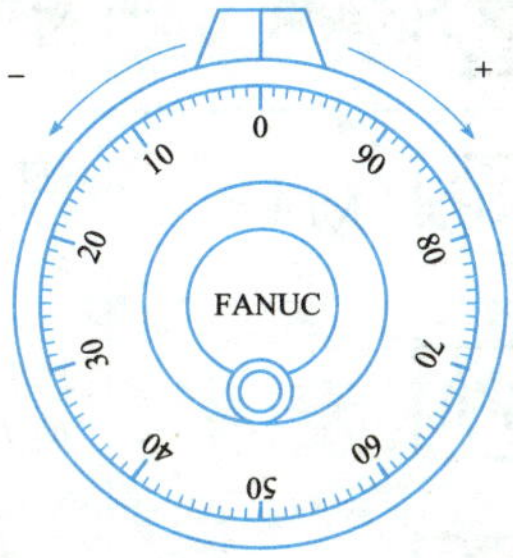	旋转手摇脉冲发生器可使选定的坐标轴移动
3	坐标与倍率旋钮	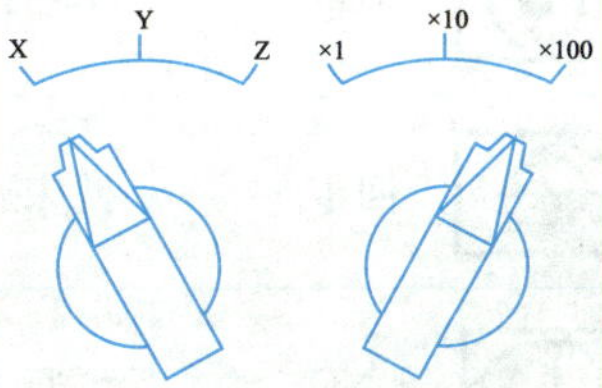	配合手摇脉冲发生器使用，选定待移动的坐标轴 ×1、×10、×100分别表示一个脉冲移动0.001mm、0.010mm、0.100mm
4	主轴倍率选择开关	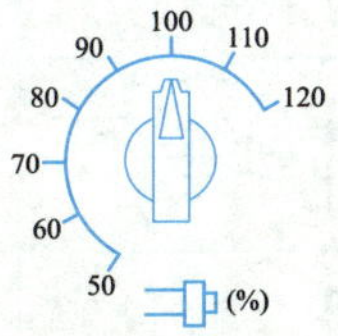	自动或手动操作时，旋转此开关可调整主轴的转速

续表

序号	功能块名称	键	功能说明
5	进给轴选择开关	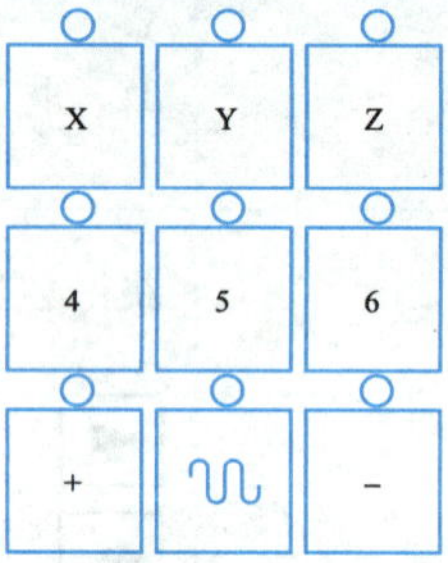 (X)(Y)(Z) (4)(5)(6) (+)(⌇)(−)	在 JOG 或手动方式下，控制坐标轴沿选择的方向进给或快速移动
6	紧急停止	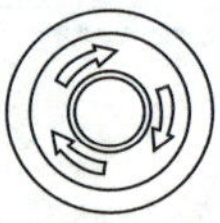	出现异常情况时，按下此键铣床立即停止工作
7	循环启动		对程序进行启动运转和运转暂停的控制
	进给保持		
8	工作方式	 自动	可自动执行存储在系统里的加工程序
		 编辑	对程序、刀具参数等进行编辑
		 MDI	MDI 方式即手动输入数据、指令方式
		 手动	JOG 点动方式即手动控制铣床进给、换刀等
		 手轮	手摇轮方式即用手摇轮控制铣床进给
		 回零	铣床返回参考点
		 DNC	可通过计算机控制铣床进行零件加工
		 步进	设定步进进给方式
		 示教	教导功能开关

续表

序号	功能块名称	键	功能说明
9	主轴功能	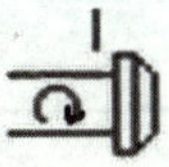 主轴正转	主轴正转
		 主轴停止转动	主轴停止转动
		 主轴反转	主轴反转
10	操作选择	 单段	在自动运行方式下，执行一个程序段后自动停止
		 空运行	程序中的 F 代码无效，滑板以进给速率开关指定的速度移动，同时滑板快速移动有效
		 跳步	程序开头有"/"符号的程序段被跳过不执行
		 铣床锁住	铣床闭锁开关
		 选择停	按下此键 M01 有效
		 重启动	程序重新启动开关
11	回零操作	 回零	按下"回零"按钮，按下 X、Y、Z 按钮，对应的铣床坐标轴会以快速移动的速度返回铣床零点，到达后对应的按钮上面的指示灯亮
12	程序保护		在锁定位置时，防止未授权人员修改程序及系统参数；在开锁位置时，允许修改程序及参数

3. XK850 数控铣床的基本操作

（1）开机操作。

1）打开外部总电源，启动空气压缩机。

2）等气压到达规定的值后打开数控铣床后面的铣床开关，系统进入自检。

3）自检结束后，出现如图 2-23 所示的报警信号信息显示页面。

（2）返回参考点操作。

1）按下 ⊕ →Z→+→X→+→Y→+。"X""Y""Z"三个按钮上面的指示灯全部

亮后，铣床返回参考点结束。

返回参考点后，按"POS"可以看到综合坐标显示页面中的铣床（机械）坐标 X、Y、Z 皆为 0，如图 2 - 24 所示。

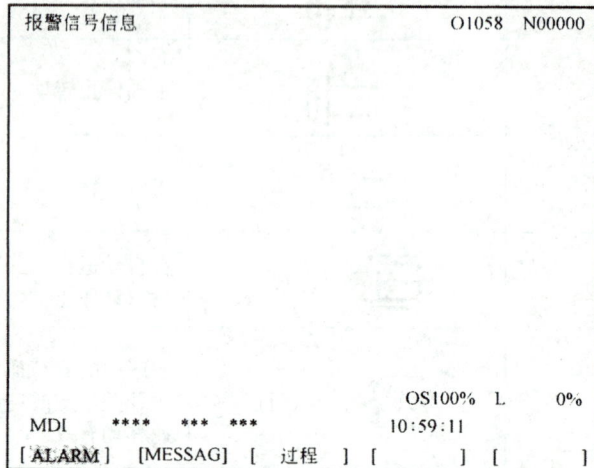

```
报警信号信息                            O1058  N00000




















                                    OS100%  L      0%
MDI    ****  ***  ***              10:59:11
[ALARM]  [MESSAG] [  过程  ] [       ] [       ]
```

图 2 - 23   报警信号信息显示页面

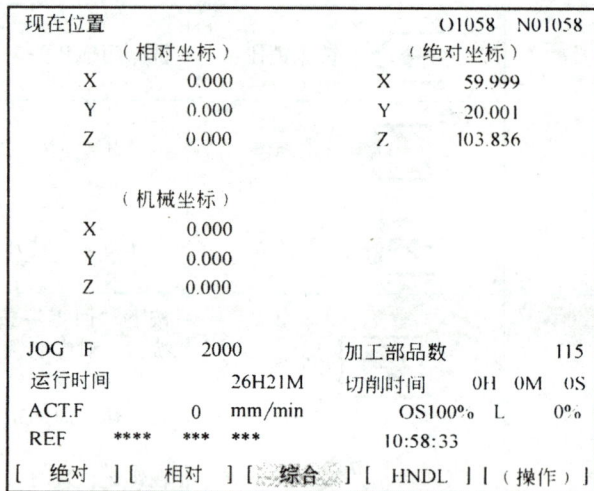

```
现在位置                               O1058  N01058
        （相对坐标）              （绝对坐标）
    X        0.000          X      59.999
    Y        0.000          Y      20.001
    Z        0.000          Z     103.836


        （机械坐标）
    X        0.000
    Y        0.000
    Z        0.000


JOG  F        2000         加工部品数           115
运行时间        26H21M       切削时间      0H  0M  0S
ACT.F          0   mm/min              OS100%  L    0%
REF    ****  ***  ***       10:58:33
[  绝对  ][  相对  ][  综合  ] [  HNDL  ] [（操作）]
```

图 2 - 24   综合坐标显示页面

2）退出参考点操作如下：按 ⎍ →X→—→Y→—→Z→—。目的是以免长时间压住行程开关而影响其寿命。

注意：按下"紧急停止"按钮或"机床锁住"运行后，都要重新进行铣床返回参考点操作，否则数控系统会对机床零点失去记忆而造成事故。

（3）坐标位置显示方式操作。

数控铣床坐标位置显示方式有三种，即综合、绝对、相对，分别如图 2 - 24～图 2 - 26 所示。连续按"POS"或分别按"综合""绝对""相对"可进入相应的页面。

相对坐标清零及预定的操作方法如下：

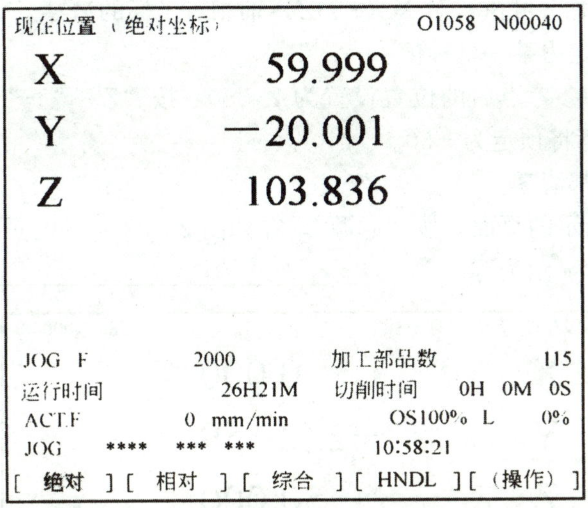

```
现在位置（绝对坐标）          O1058  N00040

X           59.999

Y          -20.001

Z          103.836


JOG F        2000       加工部品数        115
运行时间       26H21M     切削时间    0H 0M 0S
ACT.F       0  mm/min   OS100% L      0%
JOG  ****  *** ***      10:58:21
[ 绝对 ][ 相对 ][ 综合 ][ HNDL ][ (操作) ]
```

图2-25　绝对坐标显示页面

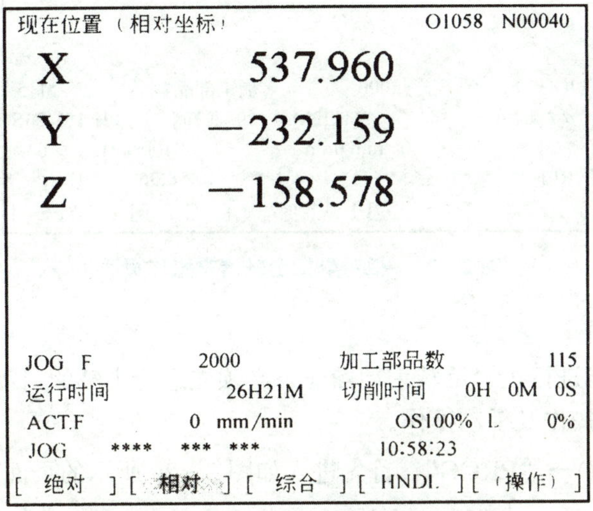

```
现在位置（相对坐标）          O1058  N00040

X          537.960

Y         -232.159

Z         -158.578


JOG F        2000       加工部品数        115
运行时间       26H21M     切削时间    0H 0M 0S
ACT.F       0  mm/min   OS100% L      0%
JOG  ****  *** ***      10:58:23
[ 绝对 ][ 相对 ][ 综合 ][ HNDL ][ (操作) ]
```

图2-26　相对坐标显示页面

1）坐标清零。

在如图2-26所示的页面，按"X"（"Y"或"Z"），此时页面最后一行将转换成如图2-27所示。按"起源"，此时 X 轴的相对坐标被清零。也可按"X""0"，然后按"预定"，同样可以使 X 轴的相对坐标清零。

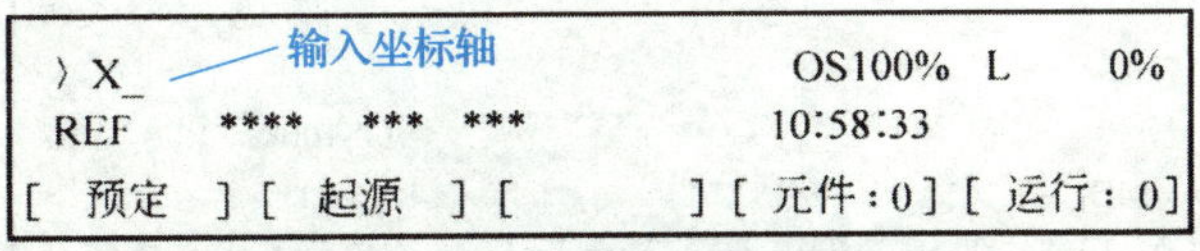

```
〉X_    ——输入坐标轴       OS100% L      0%
REF  ****  *** ***       10:58:33
[ 预定 ][ 起源 ][      ][ 元件:0 ][ 运行:0 ]
```

图2-27　相对坐标清零操作页面

在如图2-26所示的页面，按"（操作）"进入如图2-27所示的页面，输入

115

X（Y、Z），按"起源"可执行对 X（Y、Z）轴相对坐标的清零。

2）特定位置预定为某一坐标值。

举例：主轴返回参考点后的位置设置为 Z−50，按"Z""−""5""0"，然后按"预定"，此时 Z 坐标将预定为−50。

3）所有的坐标都清零。

在如图 2−27 所示的页面，按"起源"，在如图 2−28 所示的页面，按"全轴"，此时相对坐标值将全部显示为零。

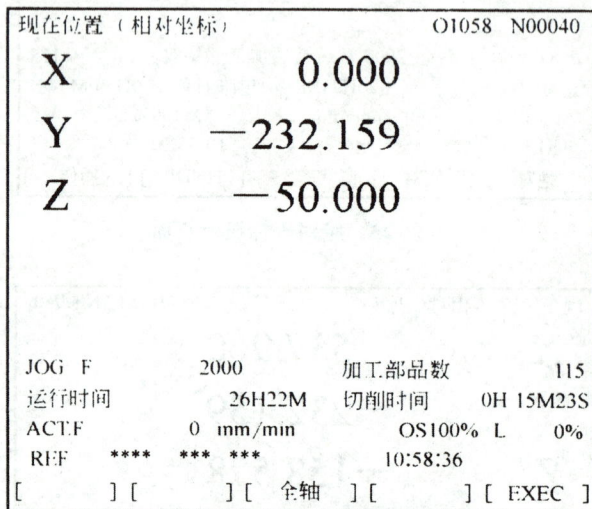

图 2−28 相对坐标全轴清零操作页面

（4）手动操作。

开机后主轴不能进行正、反转手动操作，必须先进行主轴的启动操作。

1）主轴的启动操作及手动操作。

①按▣▶（MDI）→"PROG"，首先进入如图 2−29 所示的页面。

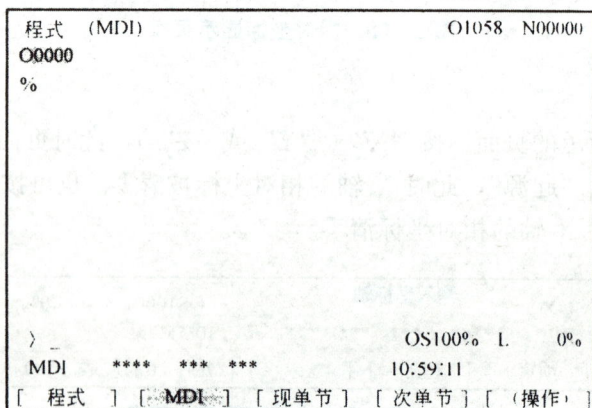

图 2−29 进入 MDI 时的页面

②首先输入"M"（如图 2-30（a）所示），然后依次输入 3→S→3→0→0→EOB→
INSERT，最后 O0000 处显示"O0000 M3 S300;"（如图 2-30（b）所示）。

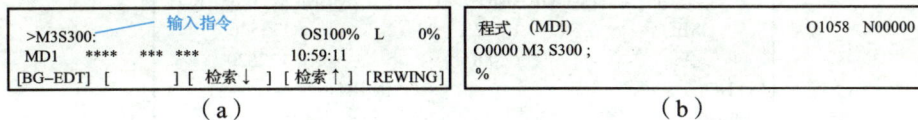

图 2-30 MDI方式输入时的页面

③按 🔲（循环启动），主轴正转。

④按 〰〰（JOG）或 ⊘（HAND）→⬛（主轴停止），主轴停止转动；按⬛（主轴
正转），主轴正转；按⬛（主轴停止）→按⬛（主轴反转），此时主轴反转。主轴转动
时，通过转动"主轴倍率选择开关"使主轴的转速发生修调，其变化范围为 50%～120%。

2）坐标轴的移动操作。

①JOG 方式。

按〰〰（JOG），通过"X""Y""Z"及"+""-""快速"实现坐标轴的移动，
其移动速度由快速进给速率调整按钮及手动进给速度开关决定。

工作台或主轴接近行程极限位置时尽量不要用"快移"按钮进行操作，以免发生过
超程而损坏铣床。

②手轮方式。

按 ⊘（HAND），通过手持盒实现坐标轴的移动。移动哪个坐标、移动的速度快
慢，可通过选择坐标轴与倍率旋钮来实现，移动方向与手摇脉冲发生器的转动方向
有关。

③切削液的开关操作。

在 JOG 或手轮方式下进行手动切削时，按"冷却通/断"按钮打开/关闭切削液。

（5）加工程序的管理和传输。

1）查看内存中的程序和打开程序。

①按 ◇（EDIT）。

②查看。连续按"PROG"，LCD 上的页面在图 2-31 与图 2-32 之间切换（按
"程式"或"DIR"切换）。图 2-31 显示存储在内存中的所有程序文件名（按↑或↓查
看其他程序文件名）；图 2-32 显示上次加工的程序（按↓可以查看其他程序段，按
"RESET"返回）。

③打开程序。在图 2-32 中输入 O1001（程序名），此时图 2-31 转换为图 2-32，
按"O 检索"或光标移动键↑、↓、→、←中的任何一个都可以打开程序，如图 2-32
所示。

2）输入程序。

117

```
PROGRAM   DIRECTORY                              O1058  N00000

                    PROGRAM(NUM)          MEMORY(CHAR.)
         USED:              12                  3540
          空:              388               127620
   O NO.                          COMMENT
   O9020
   O0001
   O1001
   O1005
   O1133
   O5566
   O5663
   >                                        OS100%  L      0%
   EDIT     ****  ***  ***                  10:59:11
   [  程式  ] [ DIR ] [          ] [        ] [ (操作) ]
```

图 2-31   存储在内存中的所有程序文件名页面

```
   程式                                     O1001  N00000
   O1001 ：
   M6 T2 ：
   G54 G90 G0 G43 H2 Z200：
   M3 S600：
   X20 Y60：
   Z5：
   G41.1 D2 Y40：
   Y20：
   G1  Z0  F50：




   >  _                                     OS100%  L      0%
   EDIT     ****  ***  ***                  10:59:11
   [  程式  ] [ DIR ] [          ] [        ] [ (操作) ]
```

图 2-32   打开程序后的页面

①按 ◇ (EDIT)。

②查看所输入的程序名在内存中是否已经存在，如果已经存在，则把将要输入的程序更名（如图 2-33 所示页面）。输入 O1001（程序名）→按"INSERT"→按"EOB"→按"INSERT"程序换段（如图 2-34 所示页面）→输入字（如 G1 G41.1 D2 X30 Y40 F100）→按"EOB"→按"INSERT"，程序换段……

```
   > O1001_        ←输入程序名        OS100%  L      0%
   EDIT     ****  ***  ***                  10:59:11
   [BG-EDT] [ O检索 ] [        ] [        ] [        ]
```

图 2-33   打开程序输入页面

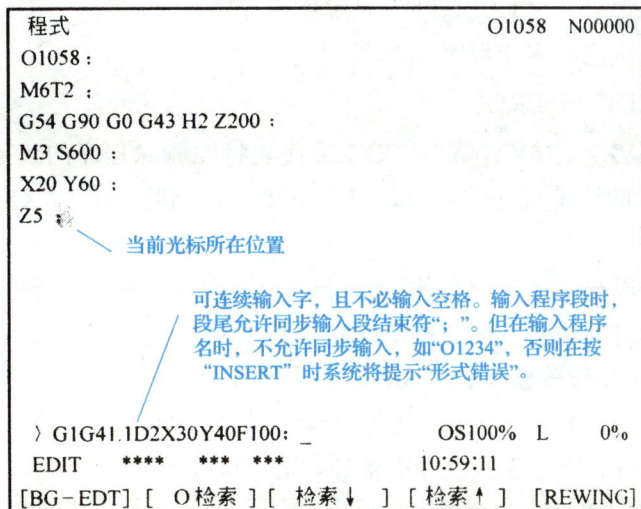

图 2-34　程序输入页面

③程序输入完毕后，按"RESET"，程序复位到起始位置。

3）编辑程序。

①插入漏掉的字：

A. 打开要编辑的程序。

B. 用光标和页面变换键，将光标移动到所需要插入位置前面的字（如"G2 X102.456. Y110.231 F100;"，该程序段中漏掉与半径有关的字）。

C. 输入如 R50→INSERT，该程序段就变为"G2 X102.456. Y110.231 R50 F100;"。

②删除输入错误的或不需要的字：

第一种情况：未按"INSERT"前就发现错误，连续按"CAN"键进行回退清除。

第二种情况：按"INSERT"后发现有错误（程序段已经输入系统内存中），将光标移动到需要删除的字处，按"DELETE"进行删除。

③修改输入错误的字：

A. 将光标移动到需要修改的字下面（如"G2 X12.112 Y202.622 R50 F100;"，该程序段中 X12.112 需要改为 X122.112）。

B. 输入正确的字，按"ALTER"进行替换。

C. 按"RESET"，复位到起始位置。

4）删除内存中的程序。

①删除一个程序的操作：

A. 按 ◇ (EDIT)→PROG。

B. 输入 O××××，按"DELETE"删除该程序。

②删除所有程序的操作：

A. 按 ◇ (EDIT)→PROG。

B. 输入 0～9999，按"DELETE"删除所有程序。

③删除指定范围内的多个程序：

A. 按 ⟨⟩（EDIT）→PROG。

B. 输入"OXXXX，OYYYY"（XXXX 代表将要删除程序的起始程序号，YYYY 代表将要删除程序的终了程序号），按"DELETE"，删除 No. XXXX 到 No. YYYY 之间的程序。

5）程序的 DNC 输入、输出操作。

①输入程序（计算机到铣床）操作过程如下：

A. 在计算机中用传输软件编写或打开已有的程序。

B. EDIT 方式下，按"PROG"再按"读入"，将在页面的倒数第二行出现"标头 SKP"并不停地闪烁，表示系统已经准备好，可以接收程序。

C. 传输软件发送程序，传输完毕。

②输出程序（铣床到计算机）操作过程如下：

A. 在计算机中打开传输软件并处于程序接收状态。

B. 将功能键调到"EDIT"程序编辑方式。

C. 输入要输出的程序名，按"PUNCH"，再按"传出"进行程序的输出操作。

（6）对刀操作。

1）用铣刀直接对刀。

操作过程（针对图 2-35 中 1 的位置）：

①工件装夹并校正平行后夹紧。

②在主轴上装入已装好刀具的刀柄。

③在 MDI 方式下，输入 M3 S300，按"循环启动"，使主轴的旋转与停止能手动操作。

④主轴停转，手持盒上选择 Z 轴、倍率×100，转动手摇脉冲发生器，使主轴上升到一定的位置（在水平面上移动时不会与工件及夹具碰撞即可）；分别选择 X、Y 轴，移动工作台使主轴处于工件上方适当的位置。

⑤在手持盒上选择 X 轴，移动工作台（图 2-36 中①），使刀具处在工件的外侧（图 2-36 中 B 的位置）；在手持盒上选择 Z 轴，使主轴下降（图 2-36 中②），刀具达到图 2-36 中 C 的位置；在手持盒上重新选择 X 轴，移动工作台（图 2-36 中③）。当刀具接近工件侧面时，用手转动主轴使刀具的刀刃与工件侧面相对，感觉刀刃很接近工件时，启动主轴使主轴转动，倍率选择×10 或×1。此时应一格一格地转动手摇脉冲发生器，应注意观察有无切屑（一旦有切屑应马上停止脉冲进给）或注意听声（一般刀具与工件微量接触时会发出"嚓""嚓""嚓"的响声，一旦听到声音应马上停止脉冲进给），即到达了图 2-36 中 D 的位置。

微课视频

数控铣削参数选择与对刀

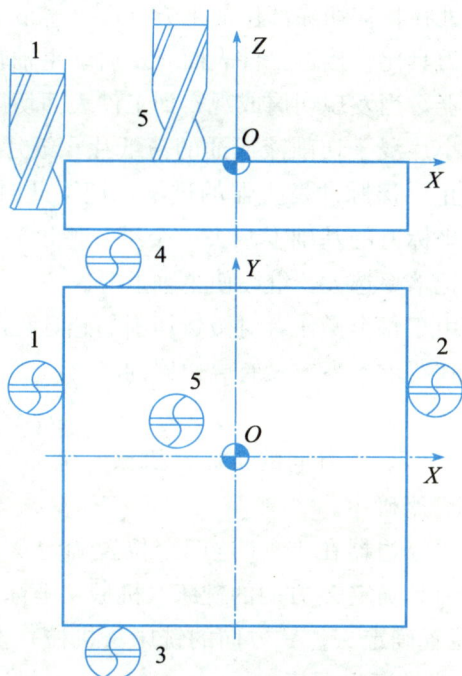

图 2-35 用铣刀直接对刀

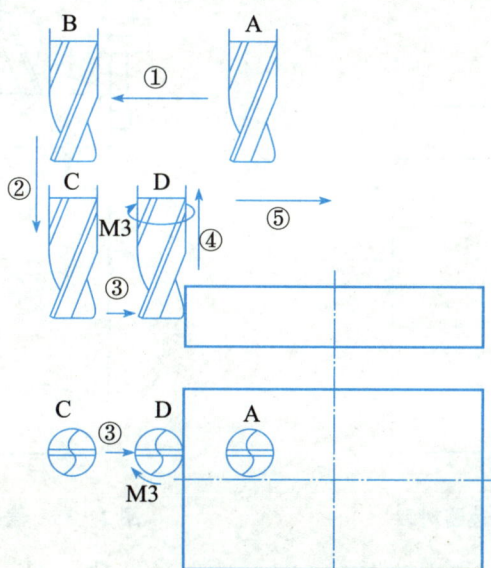

图 2-36 用铣刀直接对刀时的刀具移动图

⑥在手持盒上选择 Z 轴（避免在后面的操作中不小心碰到脉冲发生器而出现意外），按 "POS" 进入如图 2-28 所示的页面，记下此时 X 轴的机床坐标或把 X 的相对坐标清零。

⑦转动手摇脉冲发生器（倍率×100），使主轴上升（图 2-36 中④）；移动到一定高度后，选择 X 轴，作水平移动（图 2-36 中⑤），再停止主轴的转动。

Z 轴对刀时，刀具应处在将被切除部位的上方（图 2-36 中 A 的位置），转动手摇脉冲发生器，主轴下降，刀具比较接近工件表面时，启动主轴转动，把倍率选小，一格一格地转动手摇脉冲发生器，当发现切屑或观察到工件表面切出一个圆圈时（也可以在刀具正下方的工件上贴一小片浸了切削液或油的薄纸片，纸片厚度可以用千分尺测量，当刀具把纸片转飞时）停止手摇脉冲发生器的进给，记下此时的 Z 轴机床（机械）坐标值（用薄纸片时应在此坐标值的基础上减去一个纸片厚度）；反向转动手摇脉冲发生器，确认主轴是上升的，把倍率选大，继续使主轴上升。

用铣刀直接对刀时，由于每个操作者对微量切削的感觉程度不同，因此对刀精度并不高。这种方法主要应用在要求不高或没有寻边器的场合。

2）用寻边器对刀。

用寻边器对刀只能确定 X、Y 方向的机床（机械）坐标值，而 Z 方向只能通过刀具或刀具与 Z 轴设定器配合来确定。

图 2-37 为使用光电式寻边器在 1～4 这四个位置确定 X、Y 方向的铣床（机械）坐标值，在 5 这个位置用刀具确定 Z 方向的铣床（机械）坐标值。图 2-38 为使用偏心式寻边器在 1～4 这四个位置确定 X、Y 方向的铣床（机械）坐标值，在 5 这个位置用刀具确定 Z 方向的铣床（机械）坐标值。

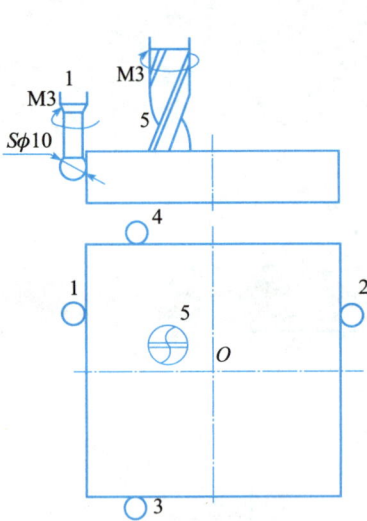

图 2-37　光电式寻边器对刀

图 2-38　偏心式寻边器对刀

使用光电式寻边器时（主轴作 $50～100r/min$ 的转动），当寻边器 $S\phi10mm$ 球头与工件侧面的距离较小时，手摇脉冲发生器的倍率旋钮应选择 $\times10$ 或 $\times1$，且一个脉冲一个脉冲地移动，当出现发光或蜂鸣时应停止移动（此时光电式寻边器与工件正好接触），且记录下当前位置的铣床（机械）坐标值或相对坐标清零。在退出时应注意其移动方向，如果移动方向发生错误会损坏寻边器，导致寻边器歪斜而无法继续准确使用。一般可以先沿 +Z 方向移动退离工件，然后再作 X、Y 方向移动。使用光电式寻边器对刀时，在装夹过程中就必须把工件的各个面擦干净，不能影响其导电性。

使用偏心式寻边器的对刀过程如图2-39所示。图2-39（a）为偏心式寻边器装入主轴没有旋转时。图2-39（b）为主轴旋转时（转速为200~300r/min）寻边器的下半部分在弹簧的带动下一起旋转，在没有到达准确位置时出现虚像。图2-39（c）为移动到准确位置后上下重合，此时应记录下当前位置的铣床（机械）坐标值或相对坐标清零。图2-39（d）为移动过头后的情况，下半部分没有出现虚像。初学者最好使用偏心式寻边器（如图2-40所示）对刀，因为移动方向发生错误不会损坏寻边器。另外，在观察偏心式寻边器的影像时，不能只在一个方向观察，应在互相垂直的两个方向进行。

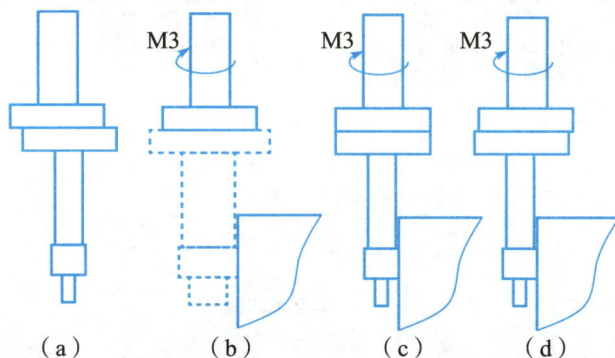

（a）　　　　（b）　　　　（c）　　　　（d）

图2-39　偏心式寻边器对刀过程

图2-40　偏心式寻边器

（7）对刀后的数值处理和工件坐标系G54~G59等的设置。

数值处理（如图2-41、图2-42所示）结束后按"OFFSET/SETTING"或按"坐标系"进入如图2-43所示的页面，按↓可进入其余设置页面；利用↑、↓移动光标到所要设置的位置。

将计算得到的数值输入G54~G59、G53.1 P1~P48中所要设置的位置，完成X、Y两轴的工件坐标系的对刀操作。在输入坐标值时，页面将转换为如图2-43所示，按"输入"或"INPUT"都可完成操作。

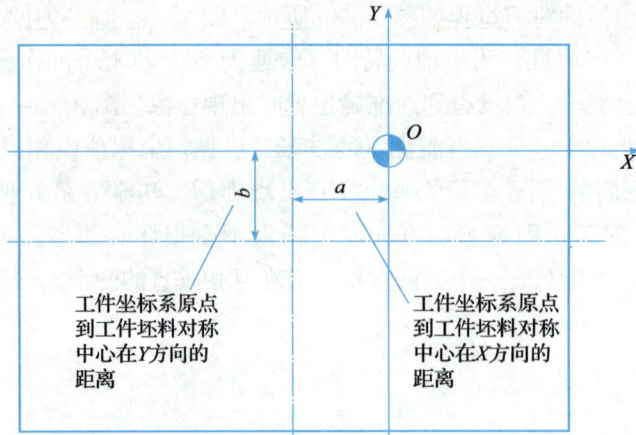

图 2-41 对刀后数值关系图一

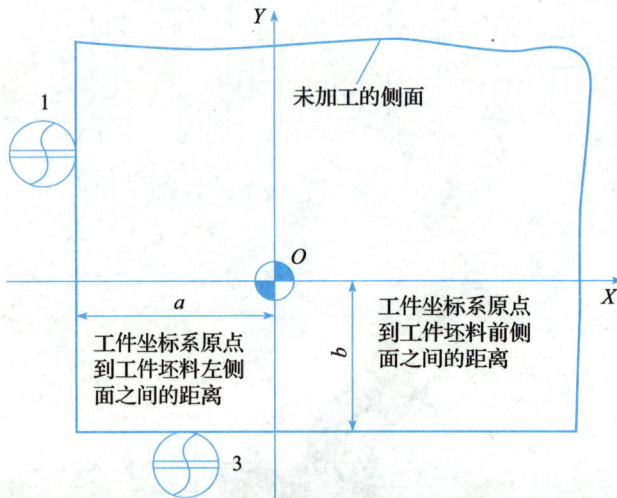

图 2-42 对刀后数值关系图二

图 2-43 G54~G56 设置页面

我们在 1 号位时把 X 轴的相对坐标清零，到达 2 号位时我们可以从相对坐标的显示页面上知道其相对坐标值。如果 X 轴的工件坐标系原点设在工件坯料的中心，那么我们只需要按页面上 X 轴的相对坐标值去除 2（可以心算），然后移动到这个相对坐标位置，输入 X0，然后按"测量"，系统会自动把当前的机械坐标值输入 G54 等相应的设置位置。也可以在 2 号位不动，同样把相对坐标值去除 2，然后输入 X60.32（假定计算出的值为 60.32，即刀具当前位置在 X 轴的正方向，距离原点 60.32），按"测量"，系统会自动把偏离当前点 60.32 的工件坐标系原点所处的机械坐标值输入 G54 等相应的设置位置。如果 X 轴的工件坐标系原点不在工件坯料的中心，那么我们仍可以移动到上面除 2 的位置，输入坯料中心在工件坐标系中的坐标值；或者在 2 号位直接计算出工件坐标系原点 0 与现在位置之间的距离，如为 30.32，则输入 X30.32，按"测量"后系统会自动计算出工件坐标系原点的机械坐标值并输入 G54 等相应的设置位置。Y 轴的设置方法与上面相同。

在其他位置进行相对坐标值的直接设置时，应注意是 X 轴还是 Y 轴、在原点的哪个方向，即输入时是"＋"还是"－"。

（8）工件坐标系原点 Z0 的设定、刀具长度补偿量的设置（如图 2-44 所示）。

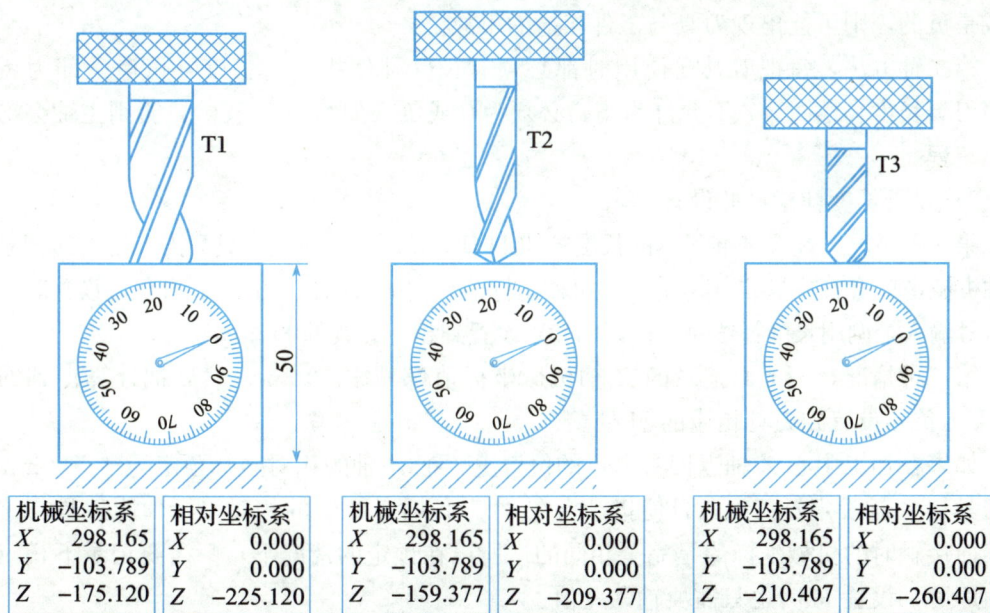

图 2-44 工件坐标系原点 Z0 的设定及刀具长度补偿量的设置

1）工件坐标系原点 Z0 的设定。

一般采用以下两种方法：

①将工件坐标系原点设定在工件的上表面。

②将工件坐标系原点设定在机床坐标系的 Z0 处（设置 G54 等时，Z 后面为 0）。

第一种方法，选择一把刀具为基准刀具（通常选择加工 Z 轴方向尺寸要求比较高的刀具为基准刀具）。

第二种方法，没有基准刀具，每把刀具通过刀具长度补偿的方法使其仍以工件上表面为编程时的工件坐标系原点 Z0。

具体操作过程如下：

①把 Z 轴设定器放置在工件的水平表面上，主轴上装入已装夹好刀具的各个刀柄（如图 2-44 所示），移动 X、Y 轴，使刀具尽可能处在 Z 轴设定器中心的上方；

②移动 Z 轴，用刀具（主轴禁止转动）压下 Z 轴设定器圆柱台，使指针指到调整好的"0"位；

③记录每把刀具当前的 Z 轴机械坐标值。

直接用刀具进行操作。使刀具旋转，移动 Z 轴，使刀具接近工件上表面。当刀具刀刃在工件表面切出一个圆圈或把粘在工件表面的薄纸片（浸有切削液）转飞时，记录每把刀具当前的 Z 轴机械坐标值。使用薄纸片时，应把当前的机械坐标值减去 0.01～0.02mm。

第一种方法，除基准刀具外，使用其他刀具时都必须有刀具长度补偿指令，设置时把基准刀具的 Z 轴机械坐标值减去 50mm，然后把此值设置到 G54 或其他工件坐标系的设置位置。所有刀具在取消长度补偿时，Z 必须为正（如 G49 Z150）；如果 Z 取得较小或是负的，则可能出现刀具与工件相撞的事故。

第二种方法，每把刀具在使用时都必须有长度补偿指令（长度补偿值全部为负），取消刀具长度补偿时，Z 不允许为正，必须为 0 或负（如 G49 Z-50），否则主轴会出现向上超程。

2）刀具长度补偿量的设置。

第一种情况，设置基准刀具的长度补偿 H 值时应为 0，其他刀具只需要把上面记录的 Z 轴机械坐标值去减基准刀具的 Z 轴机械坐标值，把减得的值（有正、有负，设置时一律带符号输入，调用长度补偿时一律用 G43）设置到相应刀具的 H 处。

第二种情况，把上面记录的 Z 轴机械坐标值都减去 50mm，然后把计算得到的值（全部为负）设置到刀具相应的 H 处。

如果在加工中心 Z 轴返回参考点的位置上，把 Z 轴的相对坐标预定为"-50mm"，当刀具与 Z 轴设定器接触，且使指针指在"0"位时，此时的相对坐标值跟刀具与工件上表面接触时的机械坐标值是完全相同的。所以在预定的情况下，只需要记录下相对坐标值即可，设置 H 时也只需要输入此值。

（9）刀具半径补偿量及磨损量的设置。

刀具半径补偿量设置在数控系统中对应刀具号与形状（D）相对应的位置。刀具在切削过程中，刀刃会出现磨损，通过对刀具磨损量的设置，就能达到所需的加工尺寸。

举例：磨损量设置值。

注：磨损量设置处已有数值（开机后一般需要把磨损量清零），则需要在原数值的基础上进行叠加。例：原有值为-0.07，现尺寸偏大 0.1（单边 0.05），则重新设置的值为：-0.07-0.05＝-0.12。

如果精加工结束后，发现工件的表面粗糙度值很大，且刀具磨损较严重，通过测量尺寸有偏差，此时必须更换铣刀重新精铣，此时磨损量先不要重设，等铣完后通过对尺寸的测量，再决定是否补偿，预防产生"过切"。

具体操作为：

按"OFFSET/SETTING"或按"补正"进入刀具补偿存储器页面，利用↑、↓、←、→键移动光标到设置的刀具"番号"与"形状（D）""磨耗（D）"相交的位置，输入设置的半径补偿量或刀具半径磨损量，并按"INPUT"或"输入"，设置完毕。如果按"＋输入"，则将把当前值与存储器中已有的值叠加。

（10）自动运行操作。

1）内存中程序的运行操作。

①打开或输入程序。

②在工件已校正与坐标轴的平行度、夹紧、对刀设置好工件坐标系、装上加工的刀具等的前提下，按下"EME"。

③进给倍率开关旋至较小的值，主轴倍率选择开关旋至100％。

④按下"循环启动"，使加工中心进入自动操作状态。

⑤进给倍率开关在进入切削后逐步调大，观察切削下来的切屑情况及加工中心的振动情况，调到适当的进给倍率进行切削加工（有时还需要调整主轴倍率）。图2-45为自动运行时程序检视显示页面。

```
程式检视                                    O1058  N00040
Y20；
G1 Z0 F50；
Z  5；
X0；
    （绝对坐标）        （余移重量）      G00     G94     G80
X      20.000   X        0.000      G17     G21     G98
Y      31.285   Y      -11.285      G90     G40     G50
Z    -304.658   Z        0.000      G22     G49     G67
                                    JOG     F       3000
                                    H2      M       8
        T      2                    D2
        F      100         S    800
ACT.F           80SACT            800 OS100% L       0％
MEM  STRT  MTN  ***                   10:59:11
┃ 绝对 ┃┃ 相对 ┃┃       ┃┃       ┃┃ ┃┃ 操作 ┃
```

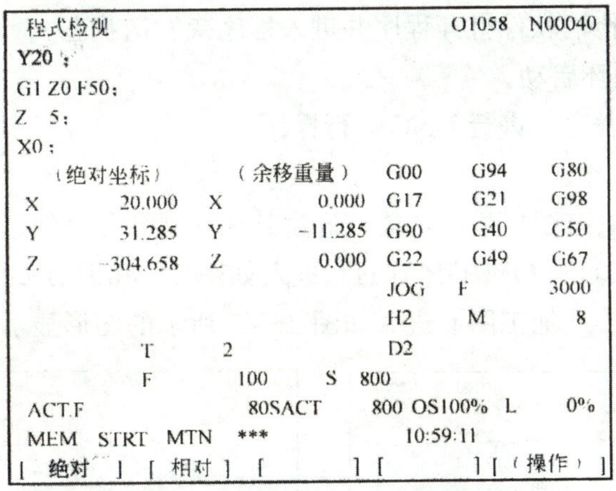

图 2-45　自动运行时程序检视显示页面

在自动运行过程中，如果按下"单段"，则系统进入单段运行的操作，即数控系统执行完一个程序段后，进给停止，只有重新按下"循环启动"，才能执行下一个程序段。

2）MDI运行操作。

①按"MDI"。

②输入程序段，按"循环启动"执行。

注意：如果只输入一段程序段，则可直接按"循环启动"执行；如果输入程序较多，则需要先把光标移回到O0000所在的第一行，然后按"循环启动"执行，否则从光标所在的程序段开始执行。

3）机床锁住及空运行操作。

机床锁住及空运行操作通过图形轨迹显示功能，可以发现程序中存在的问题。

①打开程序，在所有换刀指令段前加入跳步标记"/"（由于机床锁住，系统无法换刀，因此系统遇到换刀指令段时就停止运行，不能执行完全部程序）。

②按下"MEM""机床锁住""空运行""跳步"，把进给速度开关旋至120%。

③打开图形显示。

④按"循环启动"执行。

⑤运行完毕后，需要重新执行返回参考点操作。

4）程序的断点运行操作。

只需要运行精加工部分的程序可通过断点操作进行。操作过程如下：

①在 EDIT 方式下，利用页面变换键和光标移动键移动到精加工的起始程序段前。

②输入必要的换刀程序段、主轴旋转程序段、刀具长度及半径补偿程序段等。

③按下 MEM→循环启动执行。

5）DNC 运行操作。

对于 CAM 软件生成的程序，一般程序段较多，而数控系统内存的容量一般比较小，所以不可能将程序预先采用DNC传输的方法传输到内存中，必须采用DNC边传输边加工的方法，具体操作如下：

①在计算机中用传输软件打开程序并进入程序待发送状态。

②按下 DNC→循环启动。

③从计算机发送程序，进行 DNC 运行操作。

（11）图形显示操作。

FANUC 0i 系统具有图形显示功能，通过其线框观察程序的运行轨迹。在按"循环启动"前或后，按"CUSTOM/GRAPH"进入如图 2-46 所示的页面，在该页面中设置图形显示的参数；按［加工图］进入如图 2-47 所示的图形显示页面。

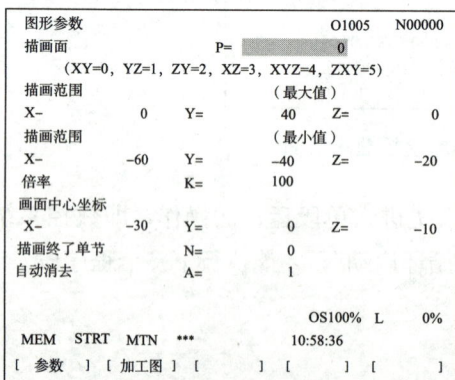

图 2-46　图形显示参数设置页面

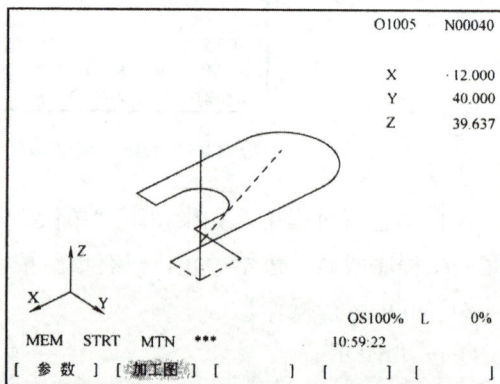

图 2-47　线框图图形显示页面

（12）关机操作。

1）取下加工好的零件，清理加工中心中的切屑，启动排屑操作，把切屑排出。

2）取下刀库中的刀柄（预防加工中心在不用时由于刀库中刀柄等的重力作用而使刀库变形）。

3）在 JOG 方式下，使工作台处在比较中间的位置，主轴尽量处于较高的位置。

4）按下紧急停止按钮。

5）关闭加工中心后面的机床电源开关。

6）关闭空气压缩机，关闭外部总电源。

（13）加工中心操作注意事项：

1）每次开机前要检查一下加工中心后面中央自动润滑系统油箱中的润滑油是否充裕，切削液是否充足。

2）手动进行 X、Y 轴移动前，Z 轴必须处于较高的位置。在移动过程中，不能只看 LCD 屏幕中坐标值的变化，而要观察刀具的实际移动情况，刀具移动到位后，再看 LCD 屏幕进行微调。

3）加工中心出现报警时，要根据报警号查找原因，及时解除报警，不可关机了事，否则开机后仍处于报警状态。

4）装刀具、装入与取下刀柄时应注意操作安全，不要产生刀柄掉落的现象。在装刀具、刀柄时要把刀具、刀柄擦干净。

5）在操作过程中必须集中注意力，谨慎操作。

2.3.2　GSK980M 数控系统操作面板

GSK980M 数控系统操作面板如图 2-48 所示。

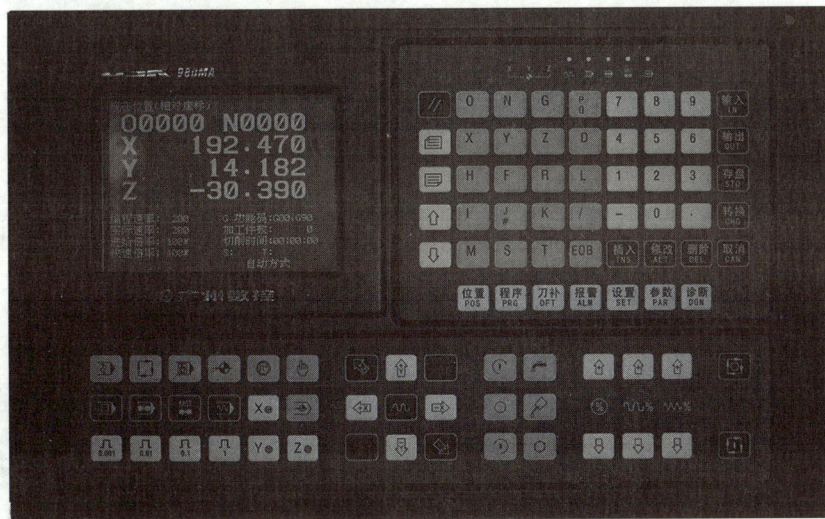

图 2-48　GSK980M 数控系统操作面板

1. 显示器与 MDI 面板

GSK980M 数控系统操作面板由 LCD 显示器和 MDI 键盘构成。GSK980M 数控系统操作面板各键的功能见表 2-6。

表 2-6 LCD/MDI 面板上各键功能

序号	名称	图标	用途
1	复位键	⫽	解除报警，CNC 复位
2	输出键（OUT）	输出 OUT	从 RS232 接口输出文件启动
3	地址/数字键	0 T 1	输入字母、数字等字符
4	输入键（IN）	输入 IN	用于输入参数、补偿量等数据。从 RS232 接口输入文件。用于编辑方式下程序段指令的输入
5	取消键（CAN）	取消 CAN	消除输入到键输入缓冲寄存器中的字符或符号。 键输入缓冲寄存器的内容由 LCD 显示。 例：键输入缓冲寄存器的显示为： N001 时，按"CAN"键，则 N001 被取消
6	光标移动键	⇧ ⇩	光标移动。 ↓：使光标向下移动一个区分单位。 ↑：以区分单位使光标向上移动一个区分单位。 持续地按光标上下键时，可使光标连续移动。
7	页键	▤ ▤	有两种换页方式。 ↓：使 LCD 画面的页顺方向更换。 ↑：使 LCD 画面的页逆方向更换。
8	编辑键（INS、ALT、DEL）	插入 INS 修改 ALT 删除 DEL	用于程序的插入、修改、删除的编辑操作
9	转换键（CHG）	转换 CHG	显示方式切换

GSK980M 共有 7 种显示画面：位置、程序、刀补、参数、诊断、报警、设置。

位置：按下此键，LCD 显示现在位置，共有 3 种，即相对、绝对、综合，通过翻页键或机能软体键转换。

程序：程序的显示、编辑等，共有 3 页：MDI、程序、目录/存储量。

刀补：显示，设定补偿量和宏变量，共有 2 项：偏置、宏变量。

参数：显示，设定参数。

诊断：显示各种诊断数据。

报警：显示报警信息。

设置：显示，设置各种参数、参数开关及程序开关。

2. 标准铣床操作面板

铣床操作面板各按键功能见表 2-7。

表 2-7 操作面板各按键功能

序号	名称	图标	用途
1	循环启动按钮		自动运行的启动。在自动运行中，自动运行的指示灯开启
2	进给保持按钮		自动运行中刀具减速停止
3	快速进给开关		手动快速进给
4	手动轴向运动按钮		手动连续进给，单步进给，轴方向运动
5	返回程序起点		返回程序起点开关为 ON 时，为回程序零点方式
6	快速进给倍率		选择快速进给倍率
7	急停		铣床紧急停止（用户外接）
8	铣床锁住		铣床锁住
9	进给速度倍率		在自动运行中，对进给速率进行倍率调节

续表

序号	名称	图标	用途
10	手摇轴选择	X⦿ Z⦿ Y⦿	选择与手摇脉冲发生器相对应的移动轴
11	单步/手轮移动量	0.001 0.01 0.1 1	手轮进给时，选择一刻度对应的移动量（手轮方式）
12	主轴起动		手动主轴正转、反转、停止
13	冷却液起动		冷却液起动
14	润滑液起动		润滑液起动

3. GSK980M 数控铣床的基本操作

（1）手动操作。

知识微课堂

手动操作

（2）自动运行。

1）运转方式。

①选择要运行的程序。

②将方式选择于自动的位置 ▣（自动方式）。

③按循环启动按钮 ▣。

2）自动运转的停止。

使自动运转停止的方法有两种：一是用程序事先在要停止的地方输入停止命令，二是按操作面板上的按钮使它停止。

①程序停（M00）：含有 M00 的程序段执行后，停止自动运转，与单程序段停止相同，模态信息全部被保存起来。用"循环启动"按钮启动，能再次开始自动运转。

②程序结束（M30）：表示主程序结束、停止自动运转，变成复位状态，返回到程序的起点。

③进给保持：在自动运转中，按操作面板上的进给保持键可以使自动运转暂时停止。

④复位：按 LCD/MDI 上的复位键，使自动运转结束，变成复位状态。在运动中如

果进行复位，则机械减速后停止。

（3）试运转。

1）全轴铣床锁住。

铣床锁住开关为开时，铣床不移动，但位置坐标的显示和铣床运动时一样，并且 M、S、T 都不能运行。此功能用于程序校验。按带自锁的铣床锁按钮，进行"开→关→开……"切换。当为"开"时，指示灯亮；当为"关"时，指示灯灭。

2）辅助功能锁住。

如果铣床操作面板上的辅助功能锁住开关置于 ON 位置，那么 M、S、T 代码指令不执行，与铣床锁住功能一起用于程序校验。

3）进给速度倍率。

用进给速度倍率开关，可以对由程序指定的进给速度倍率进行调节。

4）空运转。

当空运转开关为 ON 时，不管程序中如何指定进给速度，铣床都快速进给。

（4）安全操作。

1）急停。

按下急停按钮，使铣床移动立即停止，并且所有的输出如主轴的转动、冷却液等也全部关闭。旋转按钮后解除，但所有的输出都需要重新启动。

2）超程。

如果刀具进入了由参数规定的禁止区域（存储行程极限），则显示超程报警，刀具减速后停止。此时手动把刀具向安全方向移动，按复位按钮，解除报警。

（5）报警处理。

1）当液晶屏幕显示报警时。

如果显示 PS□□□，则是关于程序或者设定数据方面的错误，请修改程序或者修改设定的数据。

2）液晶屏幕上没显示报警代码时。

此时可根据液晶屏幕的显示知道系统运行到何处和处理的内容。

（6）程序存储、编辑。

知识微课堂

程序存储、编辑

（7）数据的显示、设定。

1）补偿量。

刀具补偿量的设定和显示（"刀补"键）。

①按"刀补"键。

②因为显示分为多页，按翻页按钮，可以选择需要的页面。

③把光标移到要输入的补偿号的位置。

④用数据键，输入补偿量（可以输入小数点）。

⑤按 IN 键后，输入补偿量，并在 LCD 上显示出来，如图 2-49 所示。

```
偏置                              O0001N0001
  序号   数据        序号    数据
  001   0.000       009    0.000
 -002  10.000       010   10.000
  003   1.000       011    1.000
  004   0.000       012    0.000
  005   0.000       013    0.000
  006   0.000       014    0.000
  007   0.000       015    0.000
  008   0.000       016    0.000

  现在位置（相对坐标）
    X   0.000        Y    0.000
    Z   0.000
  序号 002 =
                              录入方式
```

图 2-49　补偿显示

2）参数。

通过设定参数，使驱动器特性、机床规格、功能等最大限度地发挥出来。其内容随铣床不同而不同，所以请参照铣床厂家编制的参数表。

3）诊断。

CNC 和铣床间的 DI/DO 信号的状态、CNC 和 PC 间传送的信号状态、PC 内部数据及 CNC 内部状态等都可以通过诊断显示出来。同时，也可以通过相应的设定，直接向铣床侧输出，还可以对辅助机能的各参数进行设定。在诊断显示画面，在 LCD 的下部有三个诊断详细内容显示行，显示当前光标所在的诊断号的详细内容。

（8）显示。

1）状态显示。

准备未绪：表示操作系统或驱动系统没有处于可运行的状态，闪烁显示。

报警：有报警发生，按"报警"，可知道报警的详细内容，闪烁显示。

操作方式：显示当前的操作方式（自动方式、编辑方式、手动方式、单步/手轮方式、录入方式、机械回零方式、程序回零方式）。

2）键入数据显示。

状态显示行的上一行显示提示符及正在输入的键值。

提示符：在可以键入的画面才有提示符，不可键入的画面没有提示符。

①编辑方式显示程序时。

地址——只能输入地址键。

数字——只能输入数字键。

②参数、偏置、诊断画面。

序号 005＝... 可设定值（键入参数值）。

序号 005... 键入数值无效。

序号 005 闪烁... 键入检索的序号（如参数号）。

提示符后面显示已键入的键值，当按下 INS 或 IN 键时，键入值消失。

3）程序号、顺序号的显示。

程序号、顺序号如图 2-50 所示，显示在右上部。

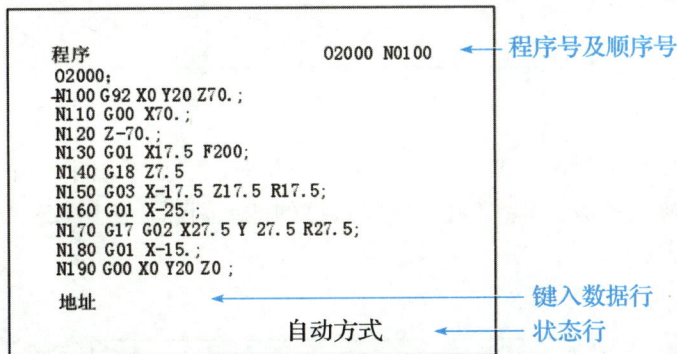

图 2-50　程序号、顺序号的显示

编辑方式下编辑程序时，显示编辑中的程序号和光标位置的前一个顺序号。在非编程方式下，显示出最后执行的程序号和顺序号。在程序号检索和顺序号检索之后，显示出被检索的程序号和顺序号。

4）现在位置的显示（"位置"键）。

①按"位置"键。

②按翻页按钮，显示三个画面（绝对位置、相对位置、综合位置）。

A. 显示零件坐标系的绝对位置，如图 2-51 所示。

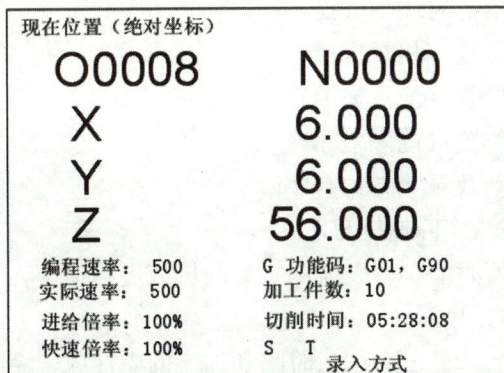

图 2-51　绝对位置

B. 显示相对坐标系的相对位置，如图 2-52 所示。

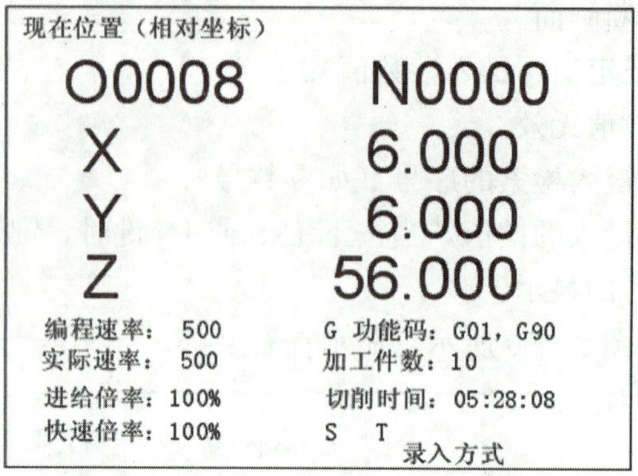

现在位置（相对坐标）

```
O0008           N0000
X               6.000
Y               6.000
Z              56.000
```

编程速率：	500	G 功能码：G01，G90	
实际速率：	500	加工件数：10	
进给倍率：	100%	切削时间：05:28:08	
快速倍率：	100%	S T	
			录入方式

图 2 - 52 相对位置

开机后，只要机床运动，其运动位置即可由相对位置显示出来，并可随时清零。

相对位置清零：按 X、Y、Z 键，此时按键的地址闪烁，然后按 CAN 键，此时闪烁地址的相对位置。

C. 显示综合位置，如图 2 - 53 所示。

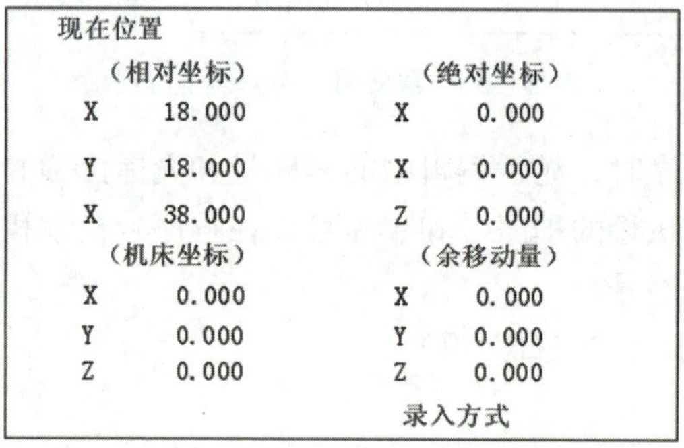

```
现在位置
        （相对坐标）              （绝对坐标）
    X     18.000            X     0.000
    Y     18.000            X     0.000
    X     38.000            Z     0.000
        （机床坐标）              （余移动量）
    X      0.000            X     0.000
    Y      0.000            Y     0.000
    Z      0.000            Z     0.000
                                录入方式
```

图 2 - 53 综合位置

同时显示下面坐标系中的现在位置：

● 相对坐标系中的位置（相对坐标）。

● 零件坐标系中的位置（绝对坐标）。

● 机械坐标系中的位置（机床坐标）。

● 剩余移动量（自动及录入方式有效）。

5）编程速度、倍率及实际速度显示。

在显示现在位置的画面上，可以显示实际的机床进给速度。

6）加工时间、零件数显示。

在位置显示的画面上，显示出加工时间和加工的零件数，意义如下：

编程速率：程序中由 F 代码指定的速率。

实际速率：实际加工中，经倍率调整后的实际加工速率。

进给倍率：由进给倍率开关选择的倍率。

G 功能码：当前正在执行程序段中的 G 代码 01 组和 03 组的值。

加工件数：当程序执行到 M30 时，+1；开机后，清零。

切削时间：当自动运转启动后，开始计时，单位依次为小时、分、秒。开机后，清零。

7）报警显示（"报警"键）。

发生报警时，在 LCD 的最下面一行闪烁显示"报警"。按"报警"键，可显示出报警号和报警内容，如图 2-54 所示。在报警显示画面，在 LCD 的下部有一报警详细内容显示行，显示当前 P/S 报警号的详细内容。其他报警如驱动报警、过热报警等的详细内容直接在 LCD 的中部显示。

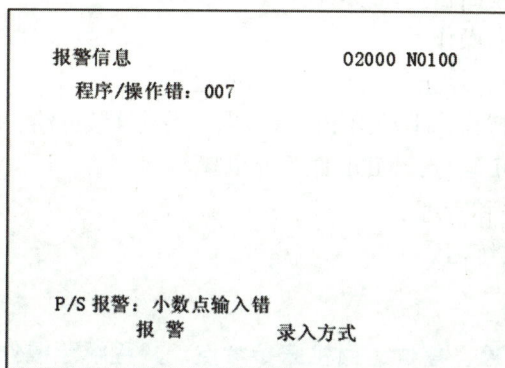

```
报警信息                    O2000 N0100
  程序/操作错：007




  P/S 报警：小数点输入错
      报  警          录入方式
```

图 2-54　报警显示

注：通常发生报警时，在画面上自动切换至报警画面显示出报警的内容。

8）液晶画面亮度调整。

液晶屏的亮度有两种调整方法：

①分级调整。

在位置页面的第一页（相对坐标），按 X、Y、Z 使 X 或 Y 或 Z 闪烁，此时按 ↑ 键：变暗（第一次按键会变亮，之后，每按一次，逐渐变暗）；按 ↓ 键：每按一次，逐渐变亮。

②电位器调整。（专业电工操作）

任务 4　数控铣床技能实训

实训 1　数控铣床程序编辑及基本操作

实训目的

（1）了解数控铣削的安全操作规程。

（2）掌握数控铣床的基本操作及步骤。

（3）熟练掌握数控铣床操作面板上各个按键的功能及使用方法。

（4）掌握数控铣削加工中的基本操作技能。

（5）能严格遵守生产规章制度，爱护设备，养成良好的职业习惯。

（6）掌握先进的制造技术，勇于创新，培养精益求精的工匠精神。

实训设备、材料及工具

数控铣床。

实训内容

（1）安全技术（课堂讲述）。

（2）数控铣床的操作面板（现场演示）。

（3）数控铣床的基本操作。

1）数控铣床的启动和停止：启动和停止的过程。

2）数控铣床的手动操作：手动操作回参考点、手动连续进给、增量进给、手轮进给。

3）数控铣床的 MDI 运行：MDI 的运行步骤。

4）数控铣床的程序和管理。

5）加工程序的输入练习。

实训步骤

1. 开机、关机、急停、复位、回机床参考点、超程解除操作步骤

（1）铣床的启动；

（2）关机操作步骤；

（3）回零（ZERO）；

（4）急停、复位；

（5）超程解除步骤。

2. 手动操作步骤

（1）点动操作；

（2）增量进给；

（3）手摇进给；

（4）手动数据输入 MDI 操作。

3. 程序编辑

（1）编辑新程序；

（2）选择已编辑程序。

4. 程序运行

（1）程序模拟运行；

（2）程序单段运行；

（3）程序自动运行。

5. 数据设置

（1）刀偏数据设置；

（2）刀补数据设置；

（3）零点偏置数据设定；

（4）显示设置；

（5）工作图形显示。

6. 对刀操作（现场演示）

零件加工前进行编程时，必须确定一个工件坐标系；而在数控铣床加工零件时，必须确定工件坐标系原点的机床坐标值，然后输入机床坐标系设定页面相应的位置（G54-G59）之中；要确定工件坐标系原点在机床坐标系中的坐标值，必须通过对刀才能实现。常用的对刀方法有用铣刀直接对刀、寻边器对刀。寻边器的种类较多，有光电式、偏心式等。

无论是用铣刀直接对刀还是用寻边器对刀，都是在工件已装夹完成并装上刀具或寻边器后，通过手摇脉冲发生器等操作，移动刀具使刀具与工件的前、后、左、右侧面及工件的上表面或台阶面作极微量的接触切削，分别记下刀具或寻边器在此时所处的机床坐标系 X、Y、Z 坐标值，对这些坐标值作一定的数值处理后，就可以设定到 G54-G59 存储地址的任一工件坐标系中。具体步骤如下：

（1）装夹工件，装上刀具组或寻边器。

（2）在手摇脉冲发生器方式下分别进行坐标轴 X、Y、Z 轴的移动操作。

在"AXIS SELECT"旋钮中分别选取 X、Y、Z 轴，然后将刀具逐渐靠近工件表面，直至接触。

（3）进行必要的数值处理计算。

（4）将工件坐标系原点在机床坐标系的坐标值设定到 G54-G59 存储地址的任一工件坐标系中。

（5）对刀正确性的验证。如在 MDI 方式下运行"G54 G01 X0 Y0 Z10 F1000"。

下面用寻边器对刀的方法和 Z 轴设定仪对刀的方法说明对刀的具体步骤，见表2-8、表2-9。

表2-8　偏心式寻边器对刀的方法及步骤

步骤	内　容	图　例
1	将偏心式寻边器用刀柄装到主轴上	
2	用 MDI 方式启动主轴，一般转速为 300r/min	
3	在手轮方式下启动主轴正转，在 X 方向手动控制机床的坐标移动使偏心式寻边器接近工件被测表面并缓慢与其接触	

续表

步骤	内　容	图　例
4	进一步仔细调整位置，直到偏心式寻边器上下两部分同轴	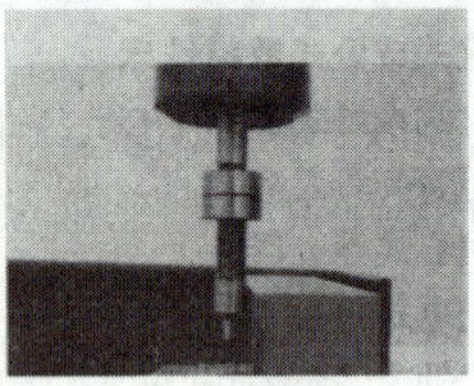
5	计算此时的坐标值［被测表面的 X、Y 值为当前的主轴坐标值加（或减）圆柱的半径］	
6	计算要设定的工件坐标系原点在机床坐标系的坐标值并输入任一 G54-G59 存储地址的 X 值中。也可以保持当前刀具位置不动，输入刀具在工件坐标系 X 中的坐标值。例如输入"X30"，再按面板上的"测量"键，系统会自动计算坐标并记录到所选的 G54-G59 存储地址的 X 值中	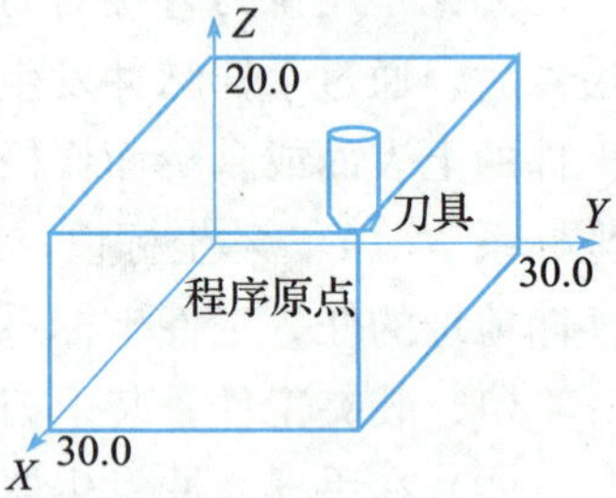
7	其他被测表面和 X 轴的操作相同	
8	对刀正确性的验证，如在 MDI 方式下运行"G54 G01 X0 Y0 Z10 F1000;"	

表 2-9　Z 轴设定仪对刀的使用方法及步骤

步骤	内　容	图　例
1	将刀具用刀柄装到主轴上，将 Z 轴设定仪附着在已经装夹好的工件或夹具平面上	
2	快速移动刀具和工作台，使刀具端面接近 Z 轴设定仪的上表面	
3	在手轮方式下，使刀具端面缓慢接触 Z 轴设定仪的上表面，直到 Z 轴设定仪发光或指针指示到零位	

续表

步骤	内 容	图 例
4	记录此时的机床坐标系的 Z 坐标值，计算要设定的工件坐标系原点的 Z 轴在机床坐标系的坐标值	
5	将工件坐标系原点的在铣床坐标系的 Z 轴坐标值输入任一 G54-G59 存储地址的 Z 值中。也可以保持当前刀具位置不动，输入刀具在工件坐标系 Z 中的坐标值，如输入"Z20"，再按面板上的"测量"键，系统会自动计算坐标并记录到所选的 G54-G59 存储地址的 Z 值中	
6	对刀正确性的验证。如在 MDI 方式下运行"G54 G01 Z10 F1000；"	

注意事项

（1）操作数控铣床时应确保安全，包括人身和设备的安全。

（2）禁止多人同时操作铣床。

（3）禁止让铣床在同一方向连续"超程"。

实训2 铣削四方凸台

微课视频

数控铣削凸台类零件编程

实训目的

（1）熟练掌握数控铣床操作面板上各个按键的功能及使用方法。

（2）掌握 G02、G03、G01、G00 指令的应用和编程方法。

（3）掌握 G90、G91 指令在程序编制中的应用。

（4）能严格遵守生产规章制度，爱护设备，养成良好的职业习惯。

（5）掌握先进的制造技术，勇于创新，培养精益求精的工匠精神。

实训设备、材料及工具

数控铣床。

实训内容

（1）加工零件如图 2-55 所示，编写数控加工程序并进行图形模拟加工。

（2）数控加工程序卡。

根据零件的加工工艺分析和所使用的数控铣床的编程指令说明，编写加工程序，填写程序卡，见表 2-10。

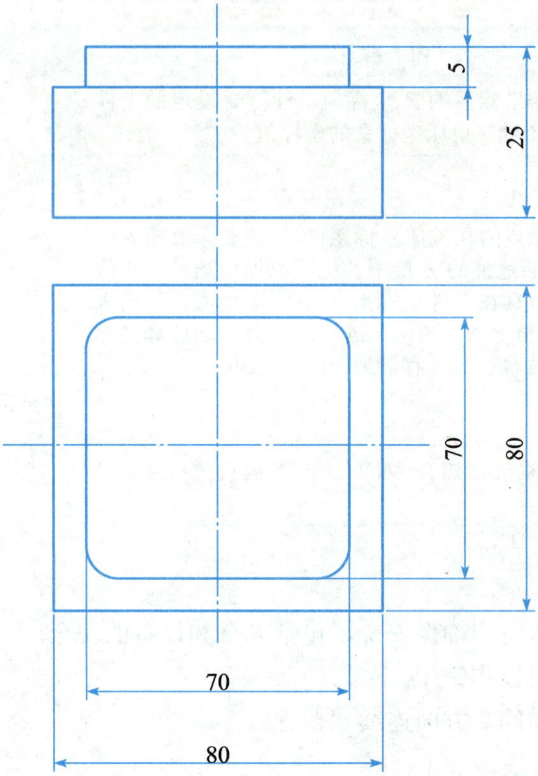

图 2-55 零件图

表 2-10 加工程序卡

零件号		零件名称		编制日期	
程序号				编制人	
序号		程序内容		程序说明	

实训步骤

（1）开机。

（2）编写加工程序。

（3）程序输入。

（4）检验程序及各字符的正确性。

（5）模拟自动加工运行。

（6）观察机床的程序运行情况及刀具的运行轨迹。

（7）回参考点。

注意事项

1. 编程注意事项

（1）编程时，注意 Z 方向的数值正负号。

（2）认真计算圆弧连接点和各基点的坐标值，确保走刀正确。

2. 其他注意事项

（1）安全第一，必须在教师的指导下，严格按照数控铣床安全操作规程，有步骤地进行。

（2）首次模拟可按控制面板上的"机床锁住"按钮，将机床锁住，看其图形模拟走刀轨迹是否正确，再关闭"机床锁住"进行刀具实际轨迹模拟。

同步训练

工量刃具准备单

一、材料准备						
材质		铝合金	尺　寸		数　量	1件

二、设备、工具、刀具、量具						
序号	分类	名称	尺寸规格	单位	数量	备注
1	设备	数控铣床		台	1	
		平口钳	150mm×50mm	台	1	相应附件
2	刃具	面铣刀	φ100	把	1	
		立铣刀	φ16	把	1	
3	工具系统	强力铣刀刀柄		套	1	相配的弹性套
4	工具	锉刀		套	1	
		铜片			若干	
		夹紧工具		套	1	
		等高垫块			若干	
		刷子		把	1	
		油壶		把	1	
		清洗油			适量	
		粗糙度样板	N0～N1	副	1	
		紫铜棒		根	1	
5	量具	0～150mm游标卡尺		把	1	
		百分表		只	1	
		磁性表座	0～5mm	套	1	
6	其他	草稿纸			适量	
		计算器		个	1	
		工作服		套	1	
		护目镜		副	1	

基本外轮廓加工

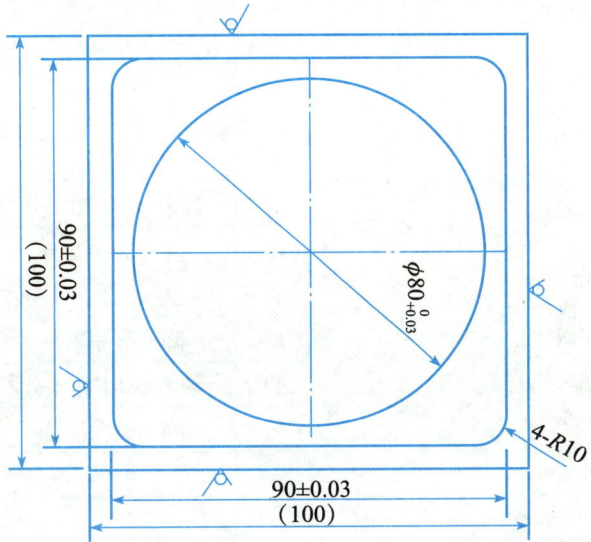

技术要求:
1. 毛坯尺寸: 100mm×100mm×15mm;
2. 材料: 45#;
3. 锐边去毛刺: 45#。

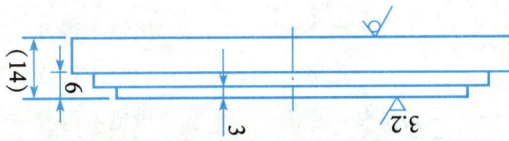

其余 $\sqrt{6.2}$

$\phi80_{-0.03}^{0}$

4-R10

90±0.03
(100)

90±0.03
(100)

(14)
6
3
$\sqrt{3.2}$

标记	处数	区分	更改文件号	签名	年.月.日			
设计		标准化				阶段标记	重量	比例
校对								
审核		审定						
工艺		批准				共　张	第　张	

检测评分记录表

姓名		单位		工种	数控铣床	图号		
序号	考核项目	考核内容		评分标准		配分	检测结果	得分	备注
1	主要尺寸	90 ± 0.03	IT	超差0.01扣1分	10			2处
			Ra	降一级扣1分	2			周边
		$\phi80^{0}_{-0.03}$	IT	超差0.01扣1分	10			
			Ra	降一级扣1分	2			周边
2	次要尺寸	6	IT	超差0.01扣1分	6			
			Ra	降一级扣1分	2			
		$R10$	IT	超差0.01扣1分	8			4处
			Ra	降一级扣1分	2			
		3	IT	超差0.01扣1分	6			
			Ra	降一级扣1分	2			
3	程序编制	建立工件坐标系		出错不得分	5			
		程序代码正确		出错不得分	5			
		刀具轨迹正确		出错不得分	5			
		程序完整		不完整不得分	10			
4	铣床操作	铣床操作规范		不规范不得分	5			
		工件装夹正确		出错不得分	5			
		对刀正确		出错不得分	5			
		刀具装夹正确		出错不得分	5			
5	工、量具的正确使用	工、量具摆放整齐		不规范不得分	3			
		工、量具使用正确		不规范不得分	2			
6	加工时间	超过定额时间5min扣1分；超过10min扣5分，以后每超过5min加扣5分，超过30min则停止考试。						
7	文明生产	按有关规定每违反一项从总分中扣3分，若发生重大事故则取消考试。扣分不超过10分。						
	总分							
	检测教师					日期		

实训 3 铣削六边形

实训目的

（1）掌握轮廓加工的工艺分析和方法。

（2）掌握编程原点的选择原则。

（3）熟悉数控铣床上工件的装夹、找正。

（4）掌握试切对刀方法、自动加工的过程及注意事项。

（5）能严格遵守生产规章制度，爱护设备，养成良好的职业习惯。

（6）掌握先进的制造技术，勇于创新，培养精益求精的工匠精神。

实训设备、材料及工具

（1）数控铣床。

（2）游标卡尺 0~150mm，外径千分尺 50~75mm，深度尺 0~150mm。

（3）键槽铣刀，立铣刀。

（4）零件毛坯。

实训内容

加工零件如图 2-56 所示，编制数控加工程序。

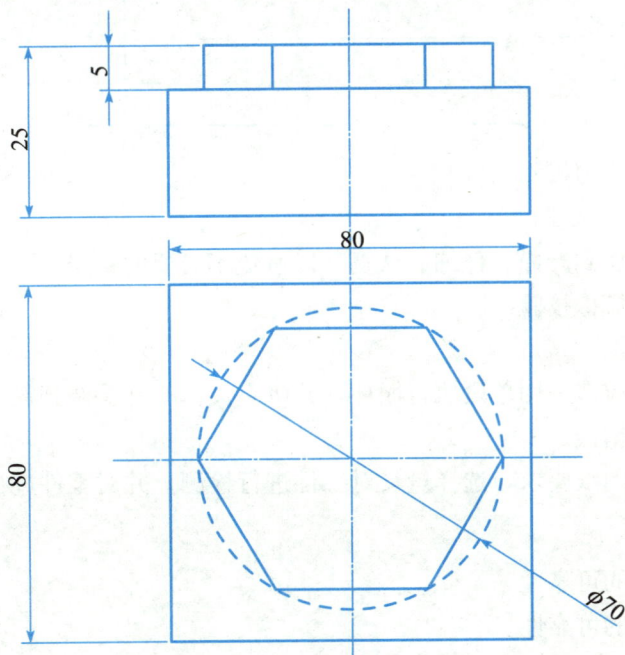

图 2-56 零件图

实训步骤

（1）分析工件图样，选择定位基准和加工方法，确定走刀路线，选择刀具和装夹方法，确定切削用量参数。

（2）数控加工程序卡。

根据零件的加工工艺分析和所使用的数控铣床的编程指令说明，编写加工程序，填写程序卡，见表2-11。

表 2 - 11 铣削加工程序卡

零件号		零件名称		编制日期	
程序号				编制人	
序号		程序内容		程序说明	

（3）数控铣床对刀操作。

（4）输入程序、检查。

程序的编写要做到严谨、仔细、认真，以避免不必要的错误。

（5）程序图形模拟校验。

（6）零件自动加工。

对于初学者，应多采用单段执行循环，并将有关倍率开关调到最低，便于边加工边分析，以避免某些错误。

（7）根据零件图纸要求，选择量具对工件进行检测，并对零件进行质量分析。

◎ 注意事项

（1）工件装夹的可靠性。

（2）刀具装夹的可靠性。

（3）铣床在试运行前必须进行图形模拟加工，以避免程序错误、刀具碰撞工件或夹具。

（4）快速进刀和退刀时，一定要注意不要碰上工件和夹具。

（5）加工零件过程中一定要提高警惕，将手放在"急停"按钮上，如遇到紧急情况，迅速按下"急停"按钮，防止意外事故发生。

工量刃具准备

一、材料准备						
材　质	铝合金	尺　寸			数　量	1件

二、设备、工具、刀具、量具						
序号	分类	名称	尺寸规格	单位	数量	备注
1	设备	数控铣床		台	1	
		平口钳	150mm×50mm	台	1	相应附件
2	刃具	面铣刀	ϕ100	把	1	
		立铣刀	ϕ16	把	1	
3	工具系统	强力铣刀刀柄		套	1	相配的弹性套
4	工具	锉刀		套	1	
		铜片			若干	
		夹紧工具		套	1	
		等高垫块			若干	
		刷子		把	1	
		油壶		把	1	
		清洗油			适量	
		粗糙度样板	N0～N1	副	1	
		紫铜棒		根	1	
5	量具	0～150mm 游标卡尺		把	1	
		百分表		只	1	
		磁性表座	0～5mm	套	1	
6	其他	草稿纸			适量	
		计算器		个	1	
		工作服		套	1	
		护目镜		副	1	

平面内外轮廓加工

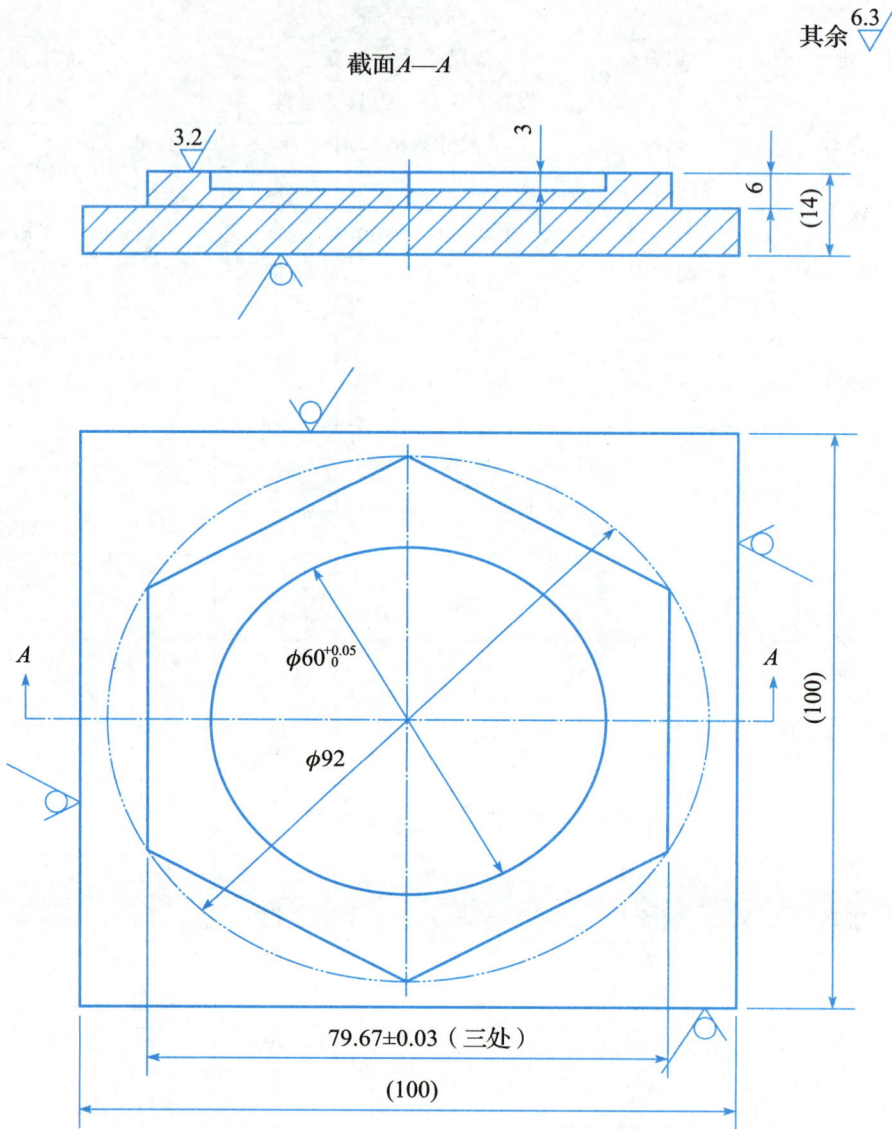

截面A—A

其余 6.3

3.2

3

6

(14)

$\phi60^{+0.05}_{0}$

$\phi92$

A   A

(100)

79.67±0.03（三处）

(100)

技术要求：

1.毛坯尺寸：100mm×100mm×15mm；

2.锐边去毛刺。

名称	工时定额	材料	数量	图号
加工图	1.5h	铝合金	1	CM-02

检测评分记录表

姓名		单位		工种	数控铣床	图号	CM-02	
序号	考核项目	考核内容		评分标准		配分	检测结果	得分	备注
1	主要尺寸	79.67 ± 0.03	IT	超差 0.01 扣 1 分	12			3 处
			Ra	降一级扣 1 分	2			周边
		$\phi60_0^{+0.05}$	IT	超差 0.01 扣 1 分	10			
			Ra	降一级扣 1 分	2			周边
2	次要尺寸	$\phi92$	IT	超差 0.01 扣 1 分	6			
			Ra	降一级扣 1 分	2			
		3	IT	超差 0.01 扣 1 分	5			
			Ra	降一级扣 1 分	2			
		6	IT	超差 0.01 扣 1 分	5			
			Ra	降一级扣 1 分	2			
3	程序编制	建立工件坐标系		出错不得分	5			
		程序代码正确		出错不得分	5			
		刀具轨迹正确		出错不得分	5			
		程序完整		不完整不得分	8			
4	铣床操作	铣床操作规范		不规范不得分	5			
		工件装夹正确		出错不得分	5			
		对刀正确		出错不得分	5			
		刀具装夹正确		出错不得分	5			
5	工、量具的正确使用	工、量具摆放整齐		不规范不得分	3			
		工、量具使用正确		不规范不得分	6			
6	加工时间	超过定额时间 5min 扣 1 分；超过 10min 扣 5 分，以后每超过 5min 加扣 5 分，超过 30min 则停止考试。						
7	文明生产	按有关规定每违反一项从总分中扣 3 分，若发生重大事故则取消考试。扣分不超过 10 分。						
	总分							
	检测教师					日期		

实训 4　铣削对称轮廓

实验目的

（1）了解数控铣床孔系加工的特点。

（2）掌握孔系加工工艺分析的步骤和方法。

（3）掌握进给速度的计算方法。

（4）能严格遵守生产规章制度，爱护设备，养成良好的职业习惯。

（5）掌握先进的制造技术，勇于创新，培养精益求精的工匠精神。

实验设备、材料及工具

（1）数控铣床。

（2）游标卡尺 0～150mm，外径千分尺 50～75mm，深度尺 0～150mm。

（3）键槽铣刀、立铣刀。

（4）零件毛坯。

实训内容

零件如图 2-57 所示。

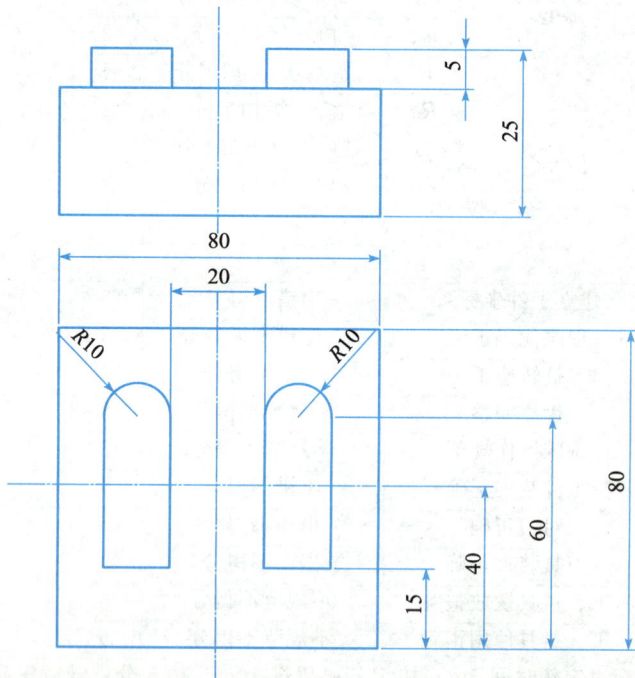

图 2-57　零件图

实训步骤

（1）分析工件图样，选择定位基准和加工方法，确定走刀路线，选择刀具和装夹方法，确定切削用量参数。

（2）数控加工程序卡。

根据零件的加工工艺分析和所使用的数控铣床的编程指令说明，编写加工程序，填写程序卡，见表2-12。

表2-12　铣削加工程序卡

零件号		零件名称		编制日期	
程序号				编制人	
序号		程序内容		程序说明	

◎ 注意事项

（1）机床在试运行前必须进行图形模拟加工，以避免程序错误、刀具碰撞工件或夹具。

（2）快速进刀和退刀时，一定要注意不要碰上工件和夹具。

（3）加工零件过程中一定要提高警惕，将手放在"急停"按钮上，如遇到紧急情况，迅速按下"急停"按钮，防止意外事故发生。

同步训练

工量刃具准备清单

一、材料准备							
材　质		铝合金		尺　寸		数　量	1件

二、设备、工具、刀具、量具						
序号	分类	名称	尺寸规格	单位	数量	备注
1	设备	数控铣床		台	1	
		平口钳	150mm×50mm	台	1	相应附件
2	刃具	面铣刀	ϕ100	把	1	
		立铣刀	ϕ12	把	1	
3	工具系统	强力铣刀刀柄		套	1	相配的弹性套
4	工具	锉刀		套	1	
		铜片			若干	
		夹紧工具		套	1	
		等高垫块			若干	
		刷子		把	1	
		油壶		把	1	
		清洗油			适量	
		粗糙度样板	N0～N1	副	1	
		紫铜棒		根	1	
5	量具	0～150mm 游标卡尺		把	1	
		百分表		只	1	
		磁性表座	0～5mm	套	1	
6	其他	草稿纸			适量	
		计算器		个	1	
		工作服		套	1	
		护目镜		副	1	

对称零件加工

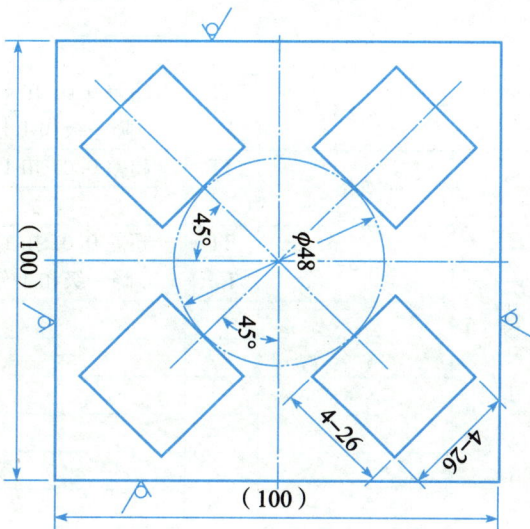

技术要求：
1. 毛坯尺寸：100mm×100mm×15mm；
2. 材料：45#；
3. 未标注公差则按IT14加工。

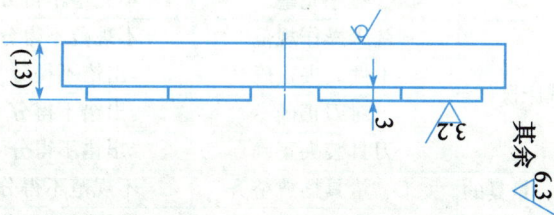

（100）

（100）

φ48

45°

45°

4-26

4-26

（13）

3

3.2

其余 6.3

标记	处数	区分	更改文件号	签名	年,月,日					
设计			标准化				阶段标记	重量	比例	
校对										
审核			审定							
工艺			批准				共　张	第　张		

检测评分记录表

姓名		单位		工种	数控铣床	图号		
序号	考核项目	考核内容		评分标准		配分	检测结果	得分	备注
1	主要尺寸								
2	次要尺寸	4-26	IT	超差 0.01 扣 1 分		30			2处
			Ra	降一级扣 1 分		2			
		φ48	IT	超差 0.01 扣 1 分		6			
		3	IT	超差 0.01 扣 1 分		10			
			Ra	降一级扣 1 分		2			
3	程序编制	建立工件坐标系		出错不得分		5			
		程序代码正确		出错不得分		5			
		刀具轨迹正确		出错不得分		5			
		程序完整		不完整不得分		10			
4	铣床操作	铣床操作规范		不规范不得分		5			
		工件装夹正确		出错不得分		5			
		对刀正确		出错不得分		5			
		刀具装夹正确		出错不得分		5			
5	工、量具的正确使用	工、量具摆放整齐		不规范不得分		3			
		工、量具使用正确		不规范不得分		2			
6	加工时间	超过定额时间 5min 扣 1 分；超过 10min 扣 5 分，以后每超过 5min 加扣 5 分，超过 30min 则停止考试。							
7	文明生产	按有关规定每违反一项从总分中扣 3 分，若发生重大事故则取消考试。扣分不超过 10 分。							
	总分								
	检测教师					日期			

实训 5　铣削四方型腔

■ 微课视频

数控铣削平面
沟槽类零件编程

实训目的

（1）掌握轮廓加工的工艺分析和方法。

（2）掌握编程原点的选择原则。

（3）掌握程序校验的方法和步骤。

（4）能严格遵守生产规章制度，爱护设备，养成良好的职业习惯。

（5）掌握先进的制造技术，勇于创新，培养精益求精的工匠精神。

实训设备、材料及工具

（1）数控铣床。

（2）游标卡尺 0～150mm，外径千分尺 0～25mm、25～50mm、50～75mm，深度尺 0～150mm。

（3）键槽铣刀、立铣刀。

（4）零件毛坯。

实训内容

加工零件如图 2-58 所示。

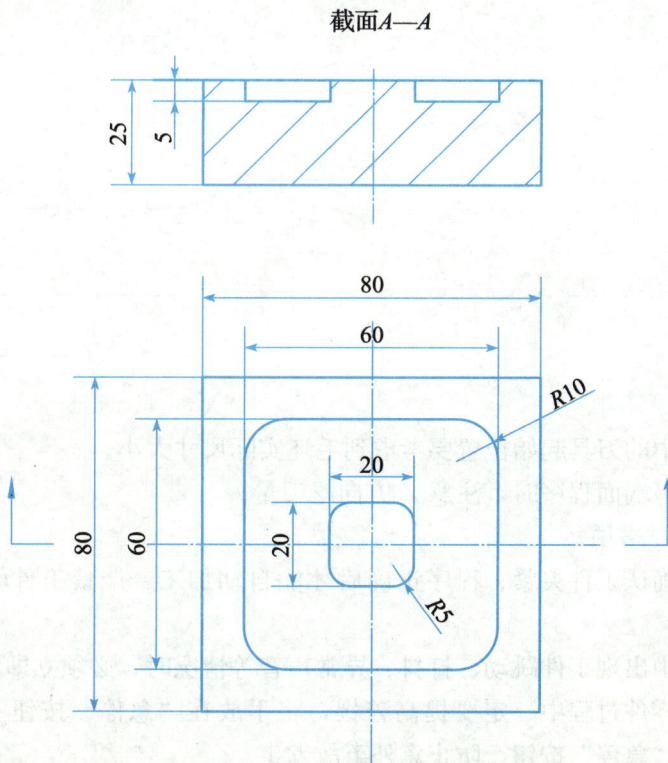

截面 *A—A*

图 2-58　零件图

🌐 **实训步骤**

（1）分析工件图样，选择定位基准和加工方法，确定走刀路线，选择刀具和装夹方法，确定切削用量参数。

（2）数控加工程序卡。

根据零件的加工工艺分析和所使用的数控铣床的编程指令说明，编写加工程序，填写程序卡，见表2-13。

表2-13 铣削加工程序卡

零件号		零件名称		编制日期	
程序号				编制人	
序号		程序内容		程序说明	

🎯 **注意事项**

1. 编程注意事项

（1）程序中的刀具起始位置要考虑到毛坯实际尺寸大小。

（2）在编写端面程序时，注意 Z 方向吃刀量。

2. 其他注意事项

（1）必须确认工件夹紧、程序正确后才能自动加工，严禁工件转动时测量、触摸工件。

（2）操作中出现工件跳动、打抖、异常声音等情况时，必须立即停车处理。

（3）加工零件过程中一定要提高警惕，将手放在"急停"按钮上，如遇到紧急情况，迅速按下"急停"按钮，防止意外事故发生。

（4）采用课堂所讲述的精度控制方法进行精度控制。

同步训练

工量刃具准备单

一、材料准备						
材　质	铝合金		尺　寸		数　量	1件

二、设备、工具、刀具、量具						
序号	分类	名称	尺寸规格	单位	数量	备注
1	设备	数控铣床		台	1	
		平口钳	150mm×50mm	台	1	相应附件
2	刃具	面铣刀	$\phi100$	把	1	
		立铣刀	$\phi16$	把	1	
		立铣刀	$\phi8$	把	1	
		球头铣刀	$R4$	把	1	
3	工具系统	强力铣刀刀柄		套	1	相配的弹性套
4	工具	锉刀		套	1	
		铜片			若干	
		夹紧工具		套	1	
		等高垫块			若干	
		刷子		把	1	
		油壶		把	1	
		清洗油			适量	
		粗糙度样板	N0～N1	副	1	
		紫铜棒		根	1	
5	量具	0～150mm 游标卡尺		把	1	
		百分表		只	1	
		磁性表座	0～5mm	套	1	
6	其他	草稿纸			适量	
		计算器		个	1	
		工作服		套	1	
		护目镜		副	1	

烟灰缸零件加工

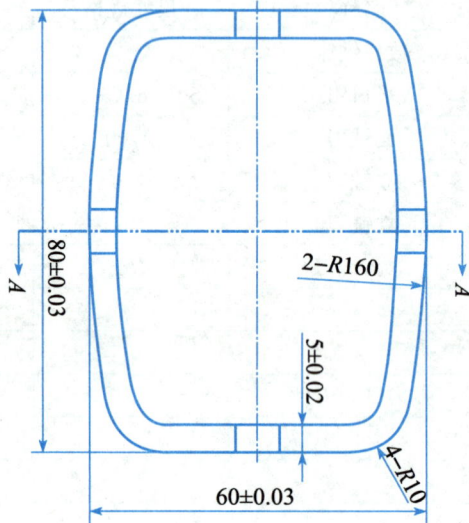

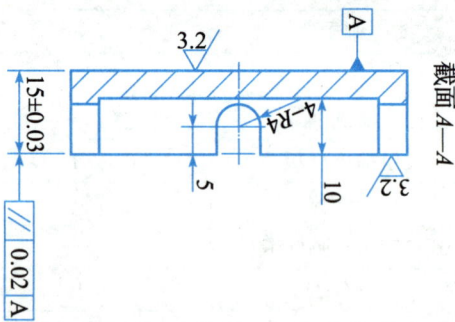

2-R160

80±0.03

5±0.02

60±0.03

4-R10

A — A

技术要求:
1.若未标注公差则按IT12加工;
2.锐边倒钝;
3.毛坯尺寸:100mm×100mm×20mm。

截面 A—A

3.2

4-R4

15±0.03

5

10

3.2

// 0.02 A

其余 6.3

标记	处数	区分	更改文件号	签名	年,月,日				
设计		标准化				阶段标记	重量	比例
校对		审定						
审核		批准						
工艺						共 张	第 张	

检测评分记录表

姓名		单位		工种	数控铣床	图号			
序号	考核项目	考核内容		评分标准		配分	检测结果	得分	备注
1	主要尺寸	80±0.03	IT	超差0.01扣1分		8			
			Ra	降一级扣1分		2			周边
		60±0.03	IT	超差0.01扣1分		8			
			Ra	降一级扣1分		2			周边
		5±0.02	IT	超差0.01扣1分		8			
			Ra	降一级扣1分		2			
		15±0.03	IT	超差0.01扣1分		5			
		// 0.02 A	IT	超差0.01扣1分		5			
2	次要尺寸	R10	IT	超差0.01扣1分		6			
			Ra	降一级扣1分		2			
		R4	IT	超差0.01扣1分		8			
			Ra	降一级扣1分		4			
		10	IT	超差0.01扣1分		6			
		5	IT	超差0.01扣1分		4			
3	程序编制	建立工件坐标系		出错不得分		3			
		程序代码正确		出错不得分		3			
		刀具轨迹正确		出错不得分		3			
		程序完整		不完整不得分		3			
4	铣床操作	铣床操作规范		不规范不得分		3			
		工件装夹正确		出错不得分		3			
		对刀正确		出错不得分		3			
		刀具装夹正确		出错不得分		3			
5	工、量具的正确使用	工、量具摆放整齐		不规范不得分		3			
		工、量具使用正确		不规范不得分		3			
6	加工时间	超过定额时间5min扣1分；超过10min扣5分，以后每超过5min加扣5分，超过30min则停止考试。							
7	文明生产	按有关规定每违反一项从总分中扣3分，若发生重大事故则取消考试。扣分不超过10分。							
	总分								
	检测教师					日期			

161

实训6　铣削图形旋转

微课视频

数控铣削子
程序的应用

实训目的

（1）掌握刀具补偿的方法。

（2）掌握普通铣床难加工的圆弧、曲面的编程。

（3）能够熟练操作数控铣床，完成工件的加工全过程。

（4）能严格遵守生产规章制度，爱护设备，养成良好的职业习惯。

（5）掌握先进的制造技术，勇于创新，培养精益求精的工匠精神。

实训设备、材料及工具

（1）数控铣床。

（2）游标卡尺 0～150mm，外径千分尺 0～25mm、50～75mm，深度尺 0～150mm。

（3）键槽铣刀、立铣刀。

（4）零件毛坯。

实训内容

加工零件如图 2-59 所示，编制数控加工程序。

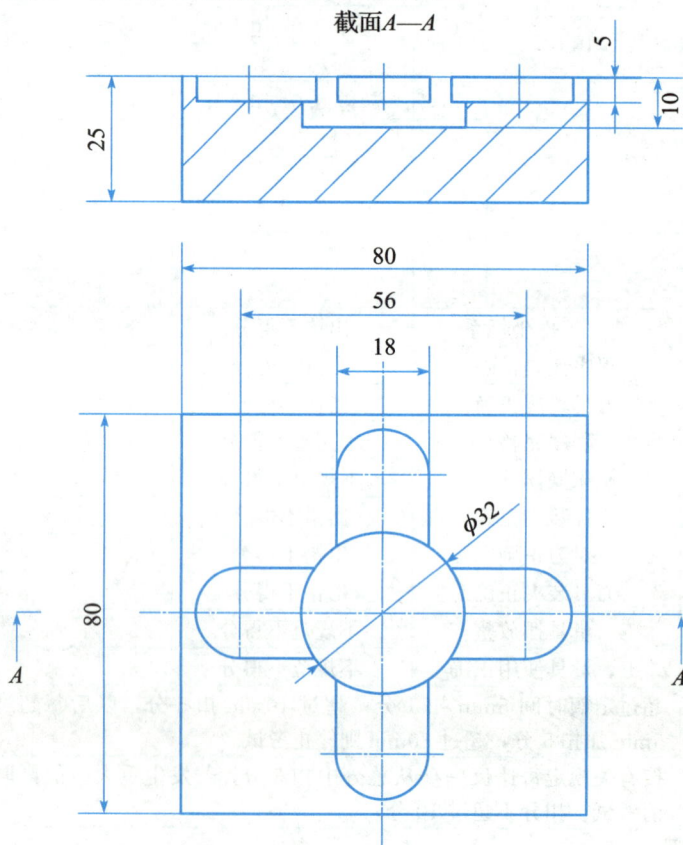

图 2-59　零件图

⊕ **实训步骤**

（1）分析工件图样，选择定位基准和加工方法，确定走刀路线，选择刀具和装夹方法，确定切削用量参数。

（2）数控加工程序卡。

根据零件的加工工艺分析和所使用的数控铣床的编程指令说明，编写加工程序，填写程序卡，见表2-14。

表2-14 铣削加工程序卡

零件号		零件名称		编制日期	
程序号				编制人	
序号		程序内容		程序说明	

◎ **注意事项**

1. 编程注意事项

（1）程序中的刀具起始位置要考虑到毛坯实际尺寸大小。

（2）在编写端面程序时，注意 Z 方向吃刀量。

2. 其他注意事项

（1）必须确认工件夹紧、程序正确后才能自动加工，严禁工件转动时测量、触摸工件。

（2）操作中出现工件跳动、打抖、异常声音等情况时，必须立即停车处理。

（3）加工零件过程中一定要提高警惕，将手放在"急停"按钮上，如遇到紧急情况，迅速按下"急停"按钮，防止意外事故发生。

（4）采用课堂所讲述的精度控制方法进行精度控制。

同步训练

工量刃具准备清单

一、材料准备					
材 质	铝合金	尺 寸		数 量	1件

二、设备、工具、刀具、量具

序号	分类	名称	尺寸规格	单位	数量	备注
1	设备	数控铣床		台	1	
		平口钳	150mm×50mm	台	1	相应附件
2	刃具	面铣刀	ϕ100	把	1	
		立铣刀	ϕ16	把	1	
		立铣刀	ϕ8	把	1	
		中心钻	ϕ2.5	把	1	
		麻花钻	ϕ10	把	1	
3	工具系统	强力铣刀刀柄		套	1	相配的弹性套
		钻夹头刀柄	0~13mm	套	1	
4	工具	锉刀		套	1	
		铜片			若干	
		夹紧工具		套	1	
		等高垫块			若干	
		刷子		把	1	
		油壶		把	1	
		清洗油			适量	
		粗糙度样板	N0~N1	副	1	
		紫铜棒		根	1	
5	量具	0~150mm 游标卡尺		把	1	
		内径千分尺	5~30mm	把	1	
		深度千分尺	0~30mm	把	1	
		百分表		只	1	
		磁性表座	0~5mm	套	1	
6	其他	草稿纸			适量	
		计算器		个	1	
		工作服		套	1	
		护目镜		副	1	

三角形凸台加工

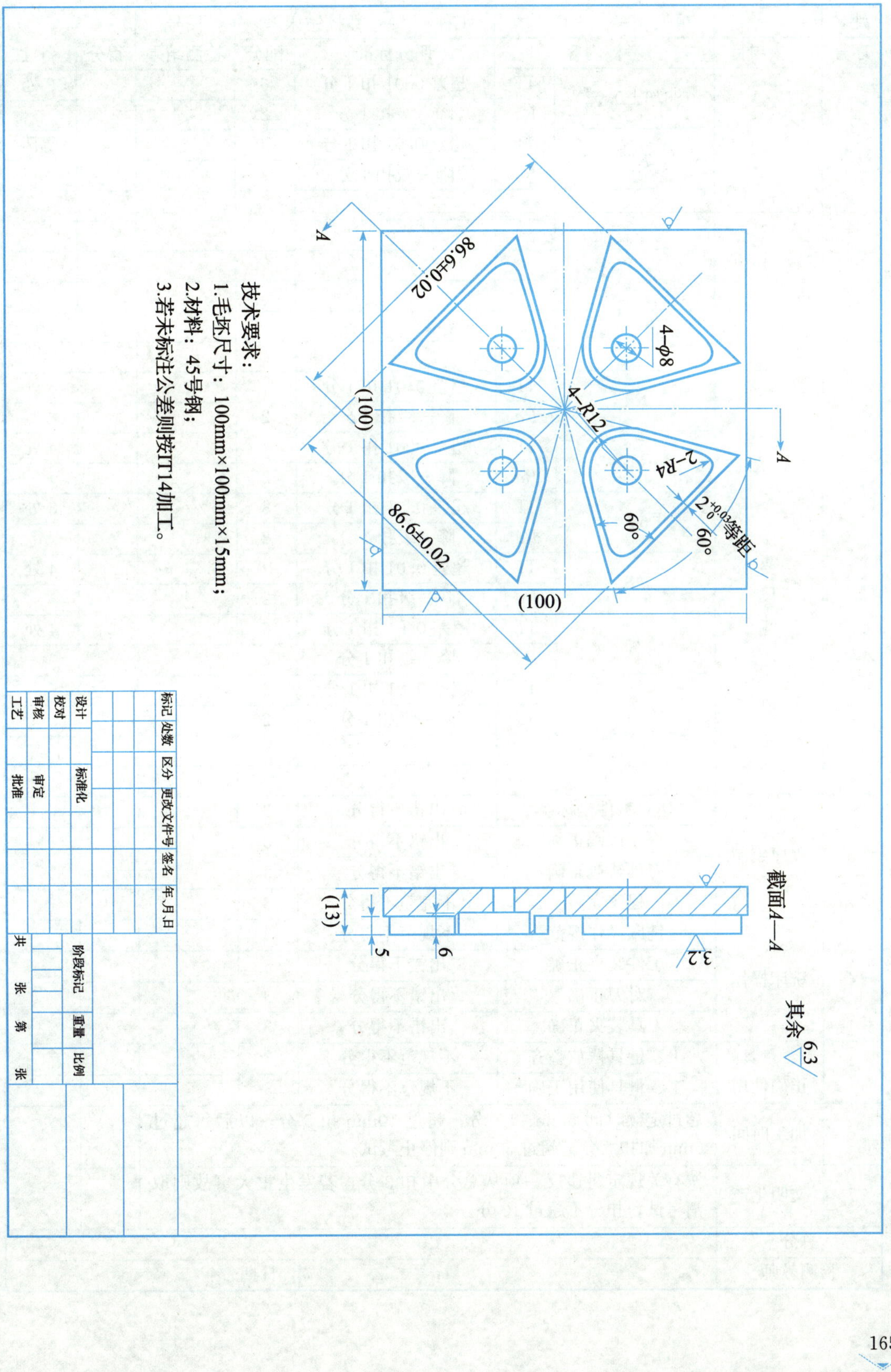

技术要求：

1.毛坯尺寸：100mm×100mm×15mm；

2.材料：45号钢；

3.若未标注公差则按IT14加工。

86.6±0.02

(100)

86.6±0.02

(100)

4-φ8

4-R12

2-R4

60°

60°

$2_{0}^{+0.03}$等距

载面A—A

其余 $\sqrt{6.3}$

(13)

5

6

3.2

标记	处数	区分	更改文件号	签名	年.月.日		阶段标记	重量	比例	
设计		标准化								
校对		审核								
工艺		批准					共　张	第　张		

检测评分记录表

姓名		单位		工种	数控铣床	图号			
序号	考核项目	考核内容		评分标准		配分	检测结果	得分	备注
1	主要尺寸	86.6 ± 0.02	IT	超差0.01扣1分		6			2处
			Ra	降一级扣1分		2			
		$2_0^{+0.03}$	IT	超差0.01扣1分		10			等距
			Ra	降一级扣1分		2			
2	次要尺寸	$R4$	IT	超差0.01扣1分		4			8处
			Ra	降一级扣1分		2			
		$R12$	IT	超差0.01扣1分		4			4处
			Ra	降一级扣1分		2			
		$60°$	IT	超差0.01扣1分		8			8处
			Ra	降一级扣1分		2			
		$\phi8$	IT	超差0.01扣1分		10			4处
			Ra	降一级扣1分		2			
		6	IT	超差0.01扣1分		6			4处
			Ra	降一级扣1分		2			
		5	IT	超差0.01扣1分		6			
			Ra	降一级扣1分		2			
3	程序编制	建立工件坐标系		出错不得分		3			
		程序代码正确		出错不得分		3			
		刀具轨迹正确		出错不得分		3			
		程序完整		不完整不得分		3			
4	铣床操作	铣床操作规范		不规范不得分		3			
		工件装夹正确		出错不得分		3			
		对刀正确		出错不得分		3			
		刀具装夹正确		出错不得分		3			
5	工、量具的正确使用	工、量具摆放整齐		不规范不得分		3			
		工、量具使用正确		不规范不得分		3			
6	加工时间	超过定额时间5min扣1分；超过10min扣5分，以后每超过5min加扣5分，超过30min则停止考试。							
7	文明生产	按有关规定每违反一项从总分中扣3分，若发生重大事故则取消考试。扣分不超过10分。							
	总分								
	检测教师					日期			

实训 7 铣削孔加工

实训目的

（1）熟练掌握数控铣床操作面板上各个按键的功能及使用方法。

（2）掌握 G01、G00、G81、G83 指令的应用和编程方法。

（3）掌握 G98、G99 指令在程序编制中的应用。

（4）能严格遵守生产规章制度，爱护设备，养成良好的职业习惯。

（5）掌握先进的制造技术，勇于创新，培养精益求精的工匠精神。

微课视频

数控铣削孔系
零件编程

实训设备、材料及工具

（1）数控铣床。

（2）游标卡尺 0～125mm，外径千分尺 0～25mm、25～50mm、50～75mm，深度尺 0～150mm。

（3）键槽铣刀、钻头。

（4）零件毛坯。

实训内容

（1）加工零件如图 2-60 所示，编写数控加工程序并进行图形模拟加工。

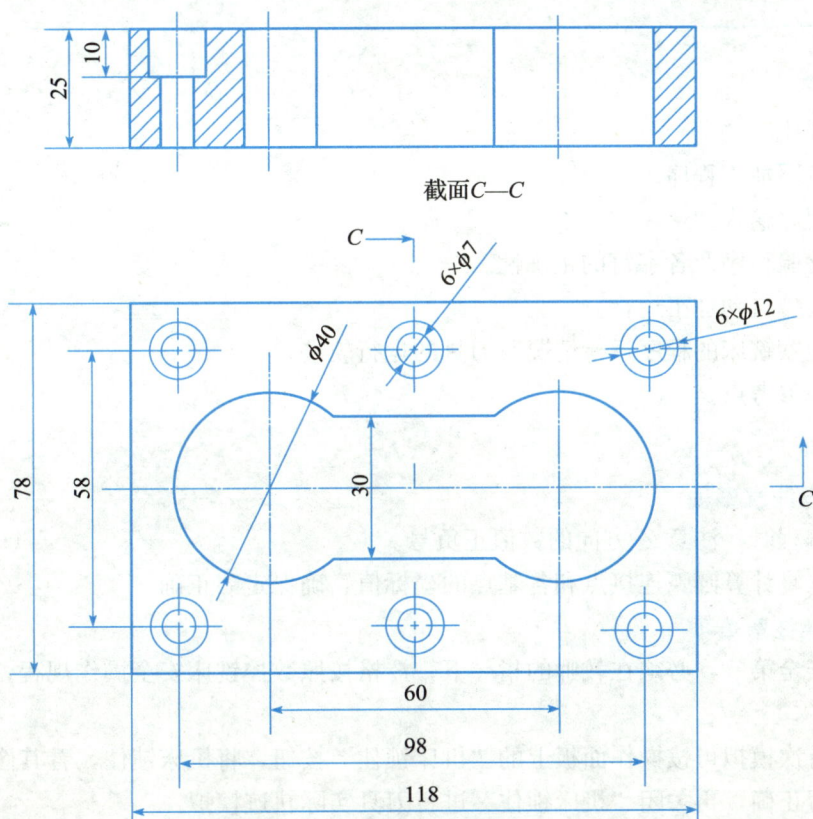

图 2-60 零件图

（2）数控加工程序卡。

根据零件的加工工艺分析和所使用的数控铣床的编程指令说明，编写加工程序，填写程序卡，见表 2-15。

表 2-15 加工程序卡

零件号		零件名称		编制日期	
程序号				编制人	
序号		程序内容		程序说明	

实训步骤

（1）开机。

（2）编写加工程序。

（3）程序输入。

（4）检验程序及各字符的正确性。

（5）模拟自动加工运行。

（6）观察铣床的程序运行情况及刀具的运行轨迹。

（7）回参考点。

注意事项

1. 编程注意事项

（1）编程时，注意 Z 方向的数值正负号。

（2）认真计算圆弧连接点和各基点的坐标值，确保走刀正确。

2. 其他注意事项

（1）安全第一，必须在教师的指导下，严格按照数控铣床安全操作规程，有步骤地进行。

（2）首次模拟可按操作面板上的"机床锁住"按钮，将机床锁住，看其图形模拟走刀轨迹是否正确，再关闭"机床锁住"进行刀具实际轨迹模拟。

同步训练

工量刃具准备单

一、材料准备							
材 质		铝合金		尺 寸		数 量	1件

二、设备、工具、刀具、量具						
序号	分类	名称	尺寸规格	单位	数量	备注
1	设备	数控铣床		台	1	
		平口钳	150mm×50mm	台	1	相应附件
2	刃具	面铣刀	$\phi100$	把	1	
		立铣刀	$\phi8$	把	1	
		中心钻	$\phi2.5$	把	1	
		麻花钻	$\phi8$、$\phi12$	把	各1	
3	工具系统	强力铣刀刀柄		套	1	相配的弹性套
		自紧式钻夹头		套	1	
4	工具	锉刀		套	1	
		铜片			若干	
		夹紧工具		套	1	
		等高垫块			若干	
		刷子		把	1	
		油壶		把	1	
		清洗油			适量	
		粗糙度样板	N0～N1	副	1	
		紫铜棒		根	1	
5	量具	0～150mm 游标卡尺		把	1	
		百分表		只	1	
		磁性表座	0～5mm	套	1	
6	其他	草稿纸			适量	
		计算器		个	1	
		工作服		套	1	
		护目镜		副	1	

钻孔加工

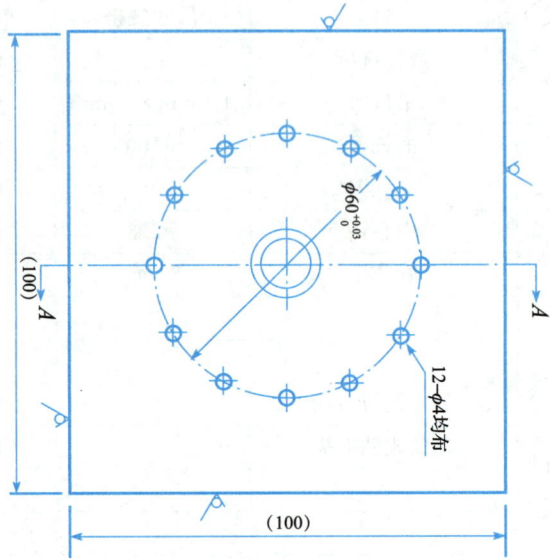

技术要求：
1.毛坯尺寸：100mm×100mm×32mm；
2.材料：45号钢。

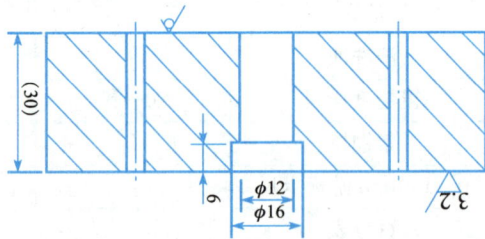

$\phi 60^{+0.03}_{0}$

12-ϕ4均布

(100)

(100)

截面A—A

其余 $\overset{6.3}{\bigtriangledown}$

(30)

6

ϕ12

ϕ16

3.2

标记	处数	区分	更改文件号	签名	年,月,日			
设计		标准化				阶段标记	重量	比例
校对		审定						
审核								
工艺		批准				共 张	第 张	

检测评分记录表

姓名		单位		工种	数控铣床	图号			
序号	考核项目	考核内容		评分标准		配分	检测结果	得分	备注
1	主要尺寸	$\phi 60^{+0.03}_{0}$	IT	超差0.01扣1分		10			
2	次要尺寸	$\phi 4$	IT	超差0.01扣1分		12			12处
			Ra	降一级扣1分		6			
		$\phi 12$	IT	超差0.01扣1分		8			
			Ra	降一级扣1分		2			
		$\phi 16$	IT	超差0.01扣1分		6			
			Ra	降一级扣1分		2			
		6	IT	超差0.01扣1分		2			
			Ra	降一级扣1分		2			
3	程序编制	建立工件坐标系		出错不得分		5			
		程序代码正确		出错不得分		5			
		刀具轨迹正确		出错不得分		5			
		程序完整		不完整不得分		10			
4	铣床操作	铣床操作规范		不规范不得分		5			
		工件装夹正确		出错不得分		5			
		对刀正确		出错不得分		5			
		刀具装夹正确		出错不得分		5			
5	工、量具的正确使用	工、量具摆放整齐		不规范不得分		3			
		工、量具使用正确		不规范不得分		2			
6	加工时间	超过定额时间5min扣1分；超过10min扣5分，以后每超过5min加扣5分，超过30min则停止考试。							
7	文明生产	按有关规定每违反一项从总分中扣3分，若发生重大事故则取消考试。扣分不超过10分。							
	总分								
	检测教师					日期			

实训 8 雕刻及刻字加工

实训目的

(1) 熟练掌握数控铣床操作面板上各个按键的功能及使用方法。

(2) 掌握自动编程方法。

(3) 能严格遵守生产规章制度，爱护设备，养成良好的职业习惯。

(4) 掌握先进的制造技术，勇于创新，培养精益求精的工匠精神。

(5) 掌握自动编程软件在程序编制中的应用。

实训设备、材料及工具

(1) 数控铣床。

(2) 游标卡尺 0~150mm，外径千分尺 0~25mm、25~50mm、50~75mm，深度尺 0~150mm。

(3) 键槽铣刀、立铣刀、雕刻刀。

(4) 零件毛坯。

实训内容

(1) 加工零件如图 2-61 所示，编写数控加工程序并进行图形模拟加工。

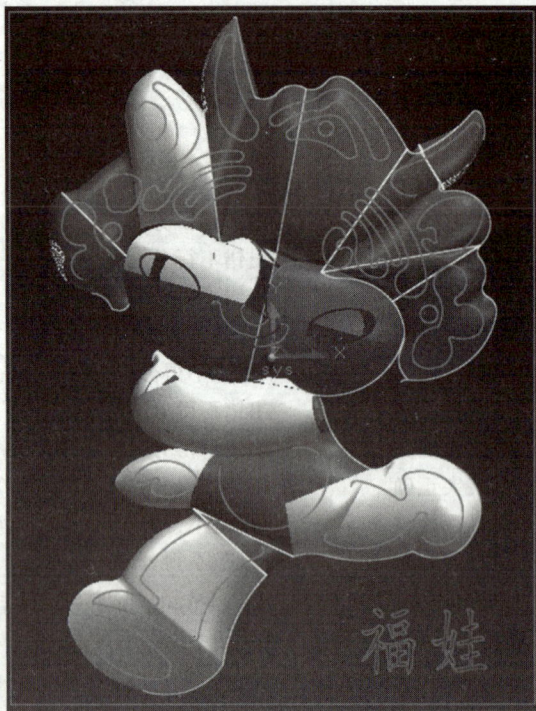

扫码下载

零件图 2-61
源文件

图 2-61 零件图

(2) 数控加工程序卡。

根据零件的加工工艺分析和所使用的数控铣床的编程指令说明，编写加工程序，填写程序卡，见表 2 - 16。

表 2 - 16　加工程序卡

零件号		零件名称		编制日期	
程序号				编制人	
序号		程序内容		程序说明	

⊕ **实训步骤**

（1）开机。

（2）编写加工程序。

（3）程序输入。

（4）检验程序及各字符的正确性。

（5）模拟自动加工运行。

（6）观察铣床的程序运行情况及刀具的运行轨迹。

（7）回参考点。

◎ **注意事项**

1. 编程注意事项

（1）编程时，注意 Z 方向的数值正负号。

（2）认真计算圆弧连接点和各基点的坐标值，确保走刀正确。

2. 其他注意事项

（1）安全第一，必须在教师的指导下，严格按照数控铣床安全操作规程，有步骤地进行。

（2）首次模拟可按操作面板上的"机床锁住"按钮，将机床锁住，看其图形模拟走刀轨迹是否正确，再关闭"机床锁住"进行刀具实际轨迹模拟。

同步训练

工量刃具准备单

一、材料准备						
材　质	铝合金	尺　寸			数　量	1件

二、设备、工具、刀具、量具						
序号	分类	名称	尺寸规格	单位	数量	备注
1	设备	数控铣床		台	1	
		平口钳	150mm×50mm	台	1	相应附件
2	刃具	面铣刀	$\phi100$	把	1	
		立铣刀	$\phi16$	把	1	
		立铣刀	$\phi10$	把	1	
		麻花钻	$\phi6$	把	1	
		球头铣刀	$R4$	把	1	
		球头铣刀	$R3$	把	1	
3	工具系统	强力铣刀刀柄		把	1	相配的弹性套
4	工具	锉刀		套	1	
		铜片			若干	
		夹紧工具		套	1	
		等高垫块			若干	
		刷子		把	1	
		油壶		把	1	
		清洗油			适量	
		粗糙度样板	N0～N1	副	1	
		紫铜棒		根	1	
5	量具	0～150mm 游标卡尺		把	1	
		百分表		只	1	
		磁性表座	0～5mm	套	1	
6	其他	草稿纸			适量	
		计算器		个	1	
		工作服		套	1	
		护目镜		副	1	

凸球零件加工

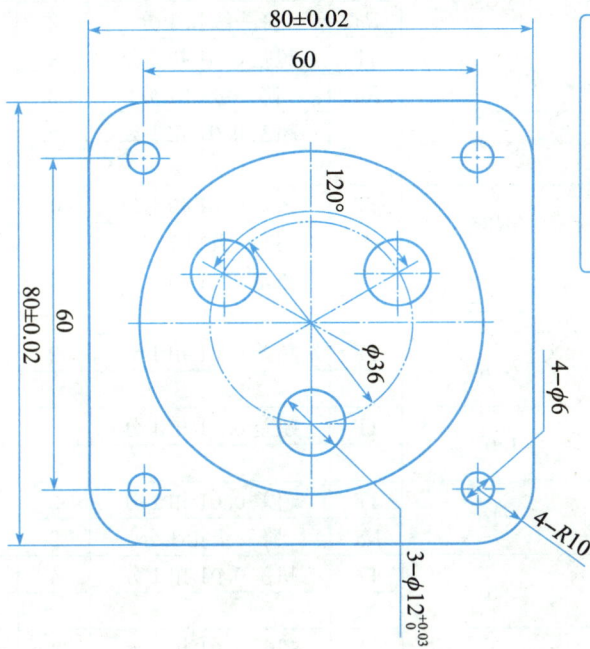

技术要求：
1.若未标注公差则按IT12加工；
2.铣边倒钝；
3.毛坯尺寸：100mm×100mm×25mm。

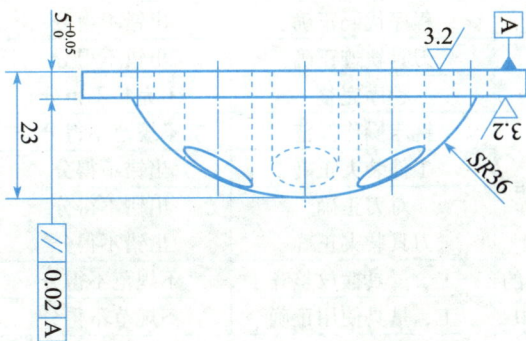

80±0.02
60
80±0.02
60
120°
$\phi36$
4-$\phi6$
4-R10
3-$\phi12^{+0.03}_{0}$

$5^{+0.05}_{0}$
23
3.2
SR36
A
// 0.02 A

其余 6.3

检测评分记录表

姓名		单位			工种	数控铣床		图号		
序号	考核项目	考核内容		评分标准			配分	检测结果	得分	备注
1	主要尺寸	80 ± 0.02	IT	超差 0.01 扣 1 分			6			2 处
			Ra	降一级扣 1 分			2			
		$\phi12_0^{+0.03}$	IT	超差 0.01 扣 1 分			9			3 处
			Ra	降一级扣 1 分			3			
		$5_0^{+0.05}$	IT	超差 0.01 扣 1 分			5			
		$SR36$	IT	超差 0.01 扣 1 分			18			
			Ra	降一级扣 1 分			2			
		// 0.02 A	IT	超差 0.01 扣 1 分			5			
2	次要尺寸	$\phi36$	IT	超差 0.01 扣 1 分			2			
		$120°$	IT	超差 0.01 扣 1 分			2			
		$R10$	IT	超差 0.01 扣 1 分			2			4 处
			Ra	降一级扣 1 分			2			
		60	IT	超差 0.01 扣 1 分			4			2 处
		$\phi6$	IT	超差 0.01 扣 1 分			4			4 处
			Ra	降一级扣 1 分			2			
		23	IT	超差 0.01 扣 1 分			2			
3	程序编制	建立工件坐标系	出错不得分			3			
		程序代码正确	出错不得分			3			
		刀具轨迹正确	出错不得分			3			
		程序完整	不完整不得分			3			
4	铣床操作	铣床操作规范	不规范不得分			3			
		工件装夹正确	出错不得分			3			
		对刀正确	出错不得分			3			
		刀具装夹正确	出错不得分			3			
5	工、量具的正确使用	工、量具摆放整齐	不规范不得分			3			
		工、量具使用正确	不规范不得分			3			
6	加工时间	超过定额时间 5min 扣 1 分；超过 10min 扣 5 分，以后每超过 5min 加扣 5 分，超过 30min 则停止考试。							
7	文明生产	按有关规定每违反一项从总分中扣 3 分，若发生重大事故则取消考试。扣分不超过 10 分。							
	总分								
	检测教师					日期			

实训9　技能大赛零件加工（一）

实训目的

（1）熟练掌握数控铣床操作面板上各个按键的功能及使用方法。

（2）掌握自动编程方法。

（3）掌握自动编程软件在程序编制中的应用。

（4）能严格遵守生产规章制度，爱护设备，养成良好的职业习惯。

（5）掌握先进的制造技术，勇于创新，培养精益求精的工匠精神。

实训设备、材料及工具

（1）数控铣床。

（2）游标卡尺0～150mm，外径千分尺0～25mm、25～50mm、50～75mm，深度尺0～150mm。

（3）面铣刀、键槽铣刀、立铣刀、球头铣刀、雕刻刀。

（4）零件毛坯。

实训内容

（1）加工零件如图2-62所示，编写数控加工程序并进行图形模拟加工。

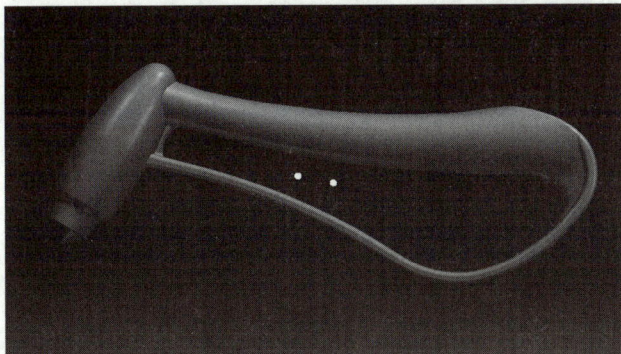

扫码下载

零件图2-62
源文件

图2-62　零件图

（2）数控加工程序卡。

根据零件的加工工艺分析和所使用的数控铣床的编程指令说明，编写加工程序，填写程序卡，见表2-17。

表2-17　加工程序卡

零件号		零件名称		编制日期	
程序号				编制人	
序号		程序内容		程序说明	

续表

序号	程序内容	程序说明

实训步骤

（1）开机。

（2）编写加工程序。

（3）程序输入。

（4）检验程序及各字符的正确性。

（5）模拟自动加工运行。

（6）观察机床的程序运行情况及刀具的运行轨迹。

（7）回参考点。

注意事项

1. 编程注意事项

（1）编程时，注意 Z 方向的数值正负号。

（2）认真计算圆弧连接点和各基点的坐标值，确保走刀正确。

2. 其他注意事项

（1）安全第一，必须在教师的指导下，严格按照数控铣床安全操作规程，有步骤地进行。

（2）首次模拟可按操作面板上的"机床锁住"按钮，将机床锁住，看其图形模拟走刀轨迹是否正确，再关闭"机床锁住"进行刀具实际轨迹模拟。

同步训练

工量刃具准备单

一、材料准备						
材　质	铝合金	尺　寸			数　量	1件

二、设备、工具、刀具、量具						
序号	分类	名称	尺寸规格	单位	数量	备注
1	设备	数控铣床		台	1	
		平口钳	150mm×50mm	台	1	相应附件
2	刃具	面铣刀	ϕ100	把	1	
		立铣刀	ϕ16	把	1	
		立铣刀	ϕ6	把	1	
		球头铣刀	R4	把	1	
		球头铣刀	R3	把	1	
		球头铣刀	R1	把	1	
3	工具系统	强力铣刀刀柄		套	1	相配的弹性套
4	工具	锉刀		套	1	
		铜片			若干	
		夹紧工具		套	1	
		等高垫块			若干	
		刷子		把	1	
		油壶		把	1	
		清洗油			适量	
		粗糙度样板	N0~N1	副	1	
		紫铜棒		根	1	
5	量具	0~150mm 游标卡尺		把	1	
		百分表		只	1	
		磁性表座	0~5mm	套	1	
6	其他	草稿纸			适量	
		计算器		个	1	
		工作服		套	1	
		护目镜		副	1	

肥皂盒零件加工

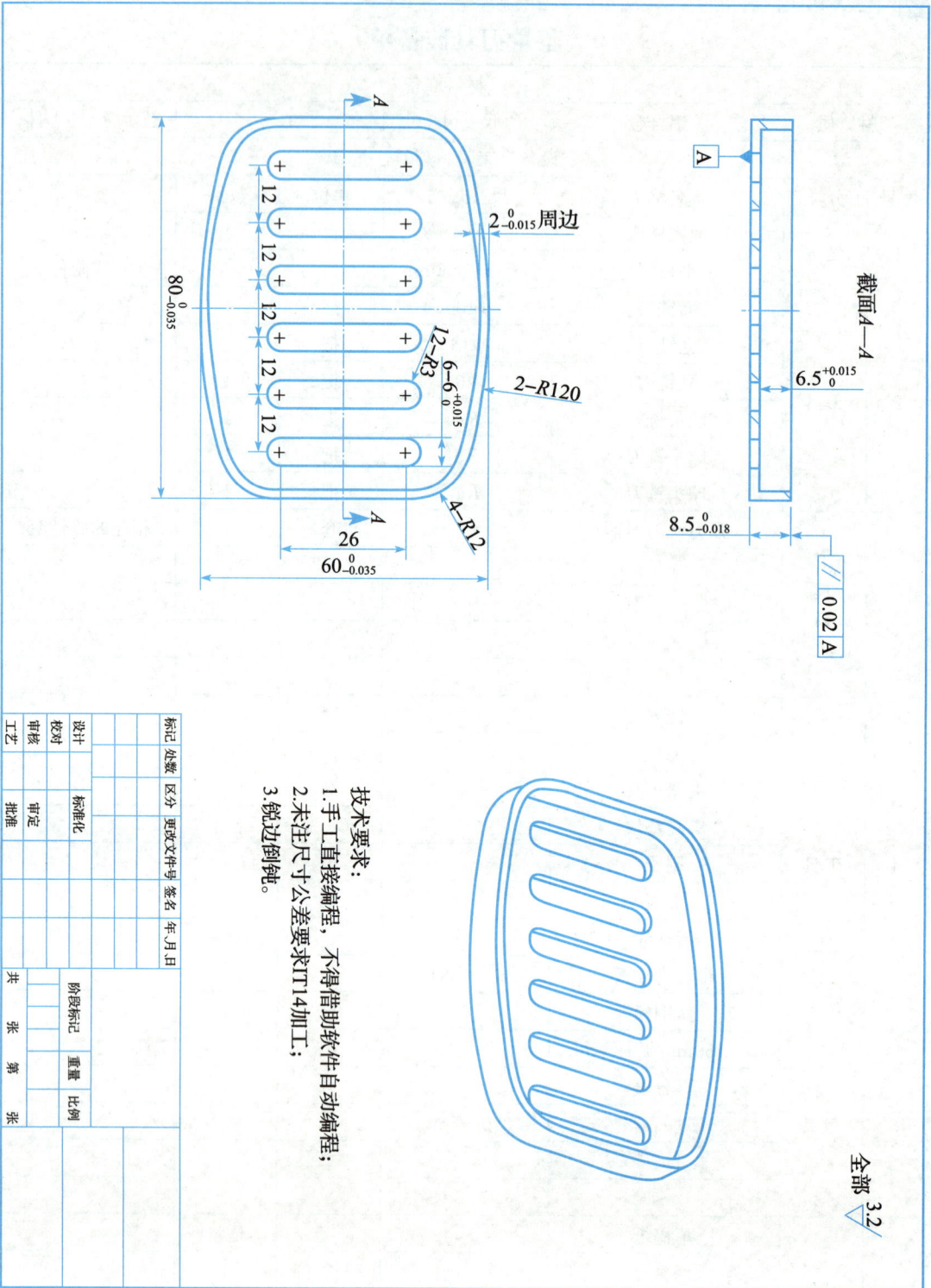

截面 $A-A$

技术要求：
1. 手工直接编程，不得借助软件自动编程；
2. 未注尺寸公差要求IT14加工；
3. 锐边倒钝。

$6.5^{+0.015}_{0}$

$8.5^{0}_{-0.018}$

$// \ 0.02 \ A$

$2^{0}_{-0.015}$ 周边

$80^{0}_{-0.035}$

$60^{0}_{-0.035}$

26

$12-R3$

$6-6^{+0.015}_{0}$

$2-R120$

$4-R12$

12

全部 $\triangledown \dfrac{3.2}{}$

标记	处数	区分	更改文件号	签名	年.月.日				
设计		标准化				阶段标记	重量	比例	
校对									
审核		审定							
工艺		批准				共 张	第 张		

检测评分记录表

姓名		单位		工种	数控铣床	图号		
序号	考核项目	考核内容		评分标准		配分	检测结果	得分	备注
1	主要尺寸	$80^{0}_{-0.035}$	IT	超差 0.01 扣 1 分	8			2 处
			Ra	降一级扣 1 分	2			周边
		$60^{0}_{-0.035}$	IT	超差 0.01 扣 1 分	8			
			Ra	降一级扣 1 分	2			周边
		$6^{+0.015}_{0}$	IT	超差 0.01 扣 1 分	12			
			Ra	降一级扣 1 分	2			
		$2^{0}_{-0.015}$	IT	超差 0.01 扣 1 分	6			
			Ra	降一级扣 1 分	2			
		$6.5^{+0.015}_{0}$	IT	超差 0.01 扣 1 分	4			
			Ra	降一级扣 1 分	2			
		$8.5^{0}_{-0.018}$	IT	超差 0.01 扣 1 分	4			
		// | 0.02 | A	IT	超差 0.01 扣 1 分	5			
2	次要尺寸	12	IT	超差 0.01 扣 1 分	5			5 处
		26	IT	超差 0.01 扣 1 分	3			6 处
		R12	IT	超差 0.01 扣 1 分	4			4 处
			Ra	降一级扣 1 分	1			
3	程序编制	建立工件坐标系		出错不得分	3			
		程序代码正确		出错不得分	3			
		刀具轨迹正确		出错不得分	3			
		程序完整		不完整不得分	3			
4	铣床操作	铣床操作规范		不规范不得分	3			
		工件装夹正确		出错不得分	3			
		对刀正确		出错不得分	3			
		刀具装夹正确		出错不得分	3			
5	工、量具的正确使用	工、量具摆放整齐		不规范不得分	3			
		工、量具使用正确		不规范不得分	3			
6	加工时间	超过定额时间 5min 扣 1 分；超过 10min 扣 5 分，以后每超过 5min 加扣 5 分，超过 30min 则停止考试。						
7	文明生产	按有关规定每违反一项从总分中扣 3 分，若发生重大事故则取消考试。扣分不超过 10 分。						
	总分							
	检测教师					日期		

实训 10　技能大赛零件加工（二）

实训目的

（1）熟练掌握数控铣床操作面板上各个按键的功能及使用方法。

（2）掌握自动编程方法。

（3）掌握自动编程软件在程序编制中的应用。

（4）能严格遵守生产规章制度，爱护设备，养成良好的职业习惯。

（5）掌握先进的制造技术，勇于创新，培养精益求精的工匠精神。

实训设备、材料及工具

（1）数控铣床。

（2）游标卡尺 0～150mm，外径千分尺 0～25mm、25～50mm、50～75mm，深度尺 0～150mm。

（3）面铣刀、键槽铣刀、立铣刀、球头铣刀、雕刻刀。

（4）零件毛坯。

实训内容

（1）加工零件如图 2-63 所示，编写数控加工程序并进行图形模拟加工。

扫码下载

零件图 2-63
源文件

图 2-63　零件图

（2）数控加工程序卡。

根据零件的加工工艺分析和所使用的数控铣床的编程指令说明，编写加工程序，填写程序卡，见表 2-18。

表 2-18　加工程序卡

零件号		零件名称		编制日期	
程序号				编制人	
序号		程序内容		程序说明	

续表

序号	程序内容	程序说明

🌐 实训步骤

(1) 开机。

(2) 编写加工程序。

(3) 程序输入。

(4) 检验程序及各字符的正确性。

(5) 模拟自动加工运行。

(6) 观察机床的程序运行情况及刀具的运行轨迹。

(7) 回参考点。

🎯 注意事项

1. 编程注意事项

(1) 编程时,注意 Z 方向的数值正负号。

(2) 认真计算圆弧连接点和各基点的坐标值,确保走刀正确。

2. 其他注意事项

(1) 安全第一,必须在教师的指导下,严格按照数控铣床安全操作规程,有步骤地进行。

(2) 首次模拟可按操作面板上的"机床锁住"按钮,将机床锁住,看其图形模拟走刀轨迹是否正确,再关闭"机床锁住"进行刀具实际轨迹模拟。

同步训练

工量刃具准备单

一、材料准备						
材　质	铝合金	尺　寸		数　量	1件	

二、设备、工具、刀具、量具

序号	分类	名称	尺寸规格	单位	数量	备注
1	设备	数控铣床		台	1	
		平口钳	150mm×50mm	台	1	相应附件
2	刃具	面铣刀	φ100	把	1	
		立铣刀	φ16	把	1	
		立铣刀	φ10	把	1	
		麻花钻	φ6	把	1	
3	工具系统	强力铣刀刀柄		套	1	相配的弹性套
4	工具	锉刀		套	1	
		铜片			若干	
		夹紧工具		套	1	
		等高垫块			若干	
		刷子		把	1	
		油壶		把	1	
		清洗油			适量	
		粗糙度样板	N0~N1	副	1	
		紫铜棒		根	1	
5	量具	0~150mm 游标卡尺		把	1	
		百分表		只	1	
		磁性表座	0~5mm	套	1	
6	其他	草稿纸			适量	
		计算器		个	1	
		工作服		套	1	
		护目镜		副	1	

支座零件加工

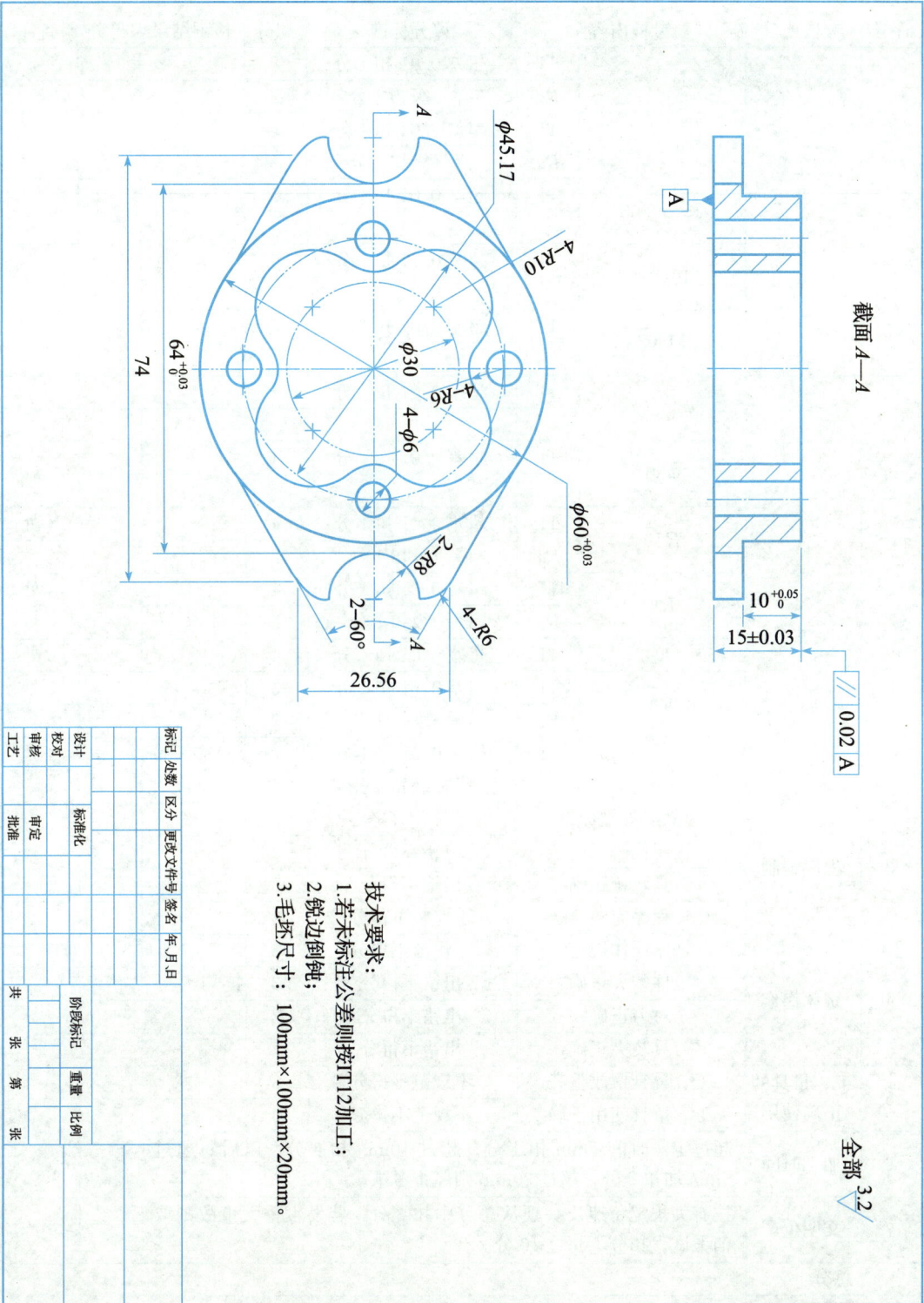

截面 A—A

全部 3.2

技术要求：
1.若未标注公差则按IT12加工；
2.锐边倒钝；
3.毛坯尺寸：100mm×100mm×20mm。

检测评分记录表

姓名		单位			工种	数控铣床	图号		
序号	考核项目	考核内容		评分标准		配分	检测结果	得分	备注
1	主要尺寸	$64_0^{+0.03}$	IT	超差 0.01 扣 1 分		8			
			Ra	降一级扣 1 分		2			
		$\phi60_0^{+0.03}$	IT	超差 0.01 扣 1 分		8			
			Ra	降一级扣 1 分		2			
		15 ± 0.03	IT	超差 0.01 扣 1 分		5			
		$10_0^{+0.05}$	IT	超差 0.01 扣 1 分		5			
		// 0.02 A	IT	超差 0.01 扣 1 分		5			
2	次要尺寸	$\phi45.17$	IT	超差 0.01 扣 1 分		4			
		$\phi30$	IT	超差 0.01 扣 1 分		4			
		R10	IT	超差 0.01 扣 1 分		4			4 处
			Ra	降一级扣 1 分		2			
		R6	IT	超差 0.01 扣 1 分		4			4 处
			Ra	降一级扣 1 分		2			
		60°	IT	超差 0.01 扣 1 分		4			2 处
		R8	IT	超差 0.01 扣 1 分		3			2 处
			Ra	降一级扣 1 分		2			
		$\phi6$	IT	超差 0.01 扣 1 分		4			4 处
			Ra	降一级扣 1 分		2			
3	程序编制	建立工件坐标系	出错不得分			3			
		程序代码正确	出错不得分			3			
		刀具轨迹正确	出错不得分			3			
		程序完整	不完整不得分			3			
4	铣床操作	铣床操作规范	不规范不得分			3			
		工件装夹正确	出错不得分			3			
		对刀正确	出错不得分			3			
		刀具装夹正确	出错不得分			3			
5	工、量具的正确使用	工、量具摆放整齐	不规范不得分			3			
		工、量具使用正确	不规范不得分			3			
6	加工时间	超过定额时间 5min 扣 1 分；超过 10min 扣 5 分，以后每超过 5min 加扣 5 分，超过 30min 则停止考试。							
7	文明生产	按有关规定每违反一项从总分中扣 3 分，若发生重大事故则取消考试。扣分不超过 10 分。							
	总分								
	检测教师					日期			

数控加工中心编程与实训操作

学习目标

知识目标

▶ 认识数控加工中心。
▶ 学习工件安装、刀具选择、程序的编辑输入和数控加工中心对刀等基本操作。
▶ 学习数控加工中心常用的 F、S、T 和 M 代码。
▶ 熟悉 G 代码。

能力目标

▶ 具有数控加工中心加工零件的能力。

素养目标

▶ 正确执行安全操作规程，树立安全意识。
▶ 培养爱岗敬业的精神。

任务 1 数控加工中心简介

3.1.1 加工中心概述

加工中心（Machining Center）是在数控铣床的基础上发展起来的，是集铣削、钻铣、铰削、镗削、攻螺纹和螺纹切削于一身，具有多种工艺手段的功能较全的数控机床。加工中心的发展代表了一个国家制造业的水平，并已成为现代机床发展的主流方向。

加工中心是指配有刀库和自动换刀装置，在一次装夹工件后可实现多工序加工的数控机床。

3.1.2 加工中心的分类及特点

1. 加工中心的分类

加工中心从结构和布局形式上分，可分成如下几类：

（1）立式加工中心。

立式加工中心是指主轴为垂直状态的加工中心，如图3-1所示。其结构形式多为固定立柱，工作台为长方形，无分度回转功能，适合加工盘、套、板类零件。它一般具有3个直线运动坐标轴，并可在工作台上安装一个沿水平轴旋转的数控回转工作台，具有4轴联动功能，用于加工螺旋线类零件。

（2）卧式加工中心。

卧式加工中心是指主轴为水平状态的加工中心，如图3-2所示。卧式加工中心通常带有数控回转工作台，一般具有3～5个运动坐标轴，常见的是3个直线运动坐标轴加1个回转运动坐标轴。工件在一次装夹后，能完成除

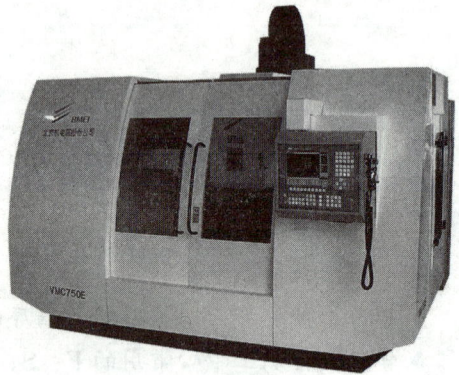

图3-1 立式加工中心

安装面和顶面以外的其余各表面的加工。它适合加工箱体类零件。与立式加工中心相比，卧式加工中心的刀库容量大，整体结构复杂，价格较高。

（3）龙门式加工中心。

龙门式加工中心的形状与龙门式数控铣床相似，如图3-3所示。龙门式加工中心的主轴多为垂直状态设置，除带有自动换刀装置以外，还带有可更换的主轴头附件。数控装置功能也较齐全，能够一机多用，尤其适用于大型和形状复杂的零件加工。

图3-2 卧式加工中心

图3-3 龙门式加工中心

立式加工中心（三轴）最有效的加工面仅为工件的顶面，卧式加工中心借助回转工作台也只能完成工件的四面加工。目前高档的加工中心正朝着五轴控制的方向发展，如图3-4所示，工件一次装夹就可完成五面体的加工。如果配置上五轴联动的高档数控系统，那么还可以对复杂的空间曲面进行高精度加工。

（a）工作台回转的五轴立式加工中心　　　（b）主轴回转的五轴立式加工中心

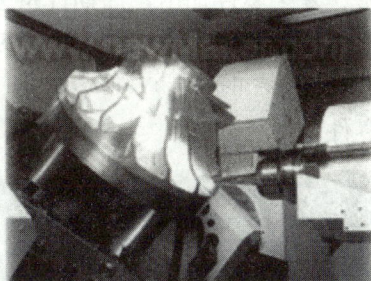

（c）工作台回转的五轴卧式加工中心

图3-4　五轴加工中心

2. 加工中心的特点

与普通数控机床相比，加工中心具有以下几个突出的特点：

（1）加工中心增加了刀库和自动换刀装置。

（2）加工中心可带有自动摆角的主轴，工件在一次装夹后，自动完成多个平面和多个角度位置的加工。

（3）加工中心可带有自动交换的工作台，一个工件在加工的同时，另一个工作台可以实现工件的装夹，从而大大缩短了辅助时间，提高了加工效率。

（4）加工精度高。加工中心在一次装夹中完成铣、镗、钻、扩、铰、攻螺纹等加工，工序高度集中，避免了工件多次装夹所产生的装夹误差，加工表面之间能获得较高的相互位置精度，保证了加工零件的尺寸精度。

（5）质量稳定。加工中心与单机操作方式相比，能排除在很长的工艺流程中许多人为的因素干扰，加工零件的一致性和互换性好。

（6）加工中心的加工范围广。加工中心的加工范围主要取决于刀库的容量和加工批量。刀库是多工序加工的基本条件。在刀库中，刀柄的数量可以为10～40、60、80等多种规格，有些柔性制造单元配有中央刀库，可以储存上千把刀具。

加工中心的刀具容量越大，加工范围越广，加工的柔性程度就越高。具有大容量刀库的加工中心，可实现多种工件的加工。

现在加工中心逐渐成为机械加工业中最主要的设备，它加工范围广，使用量大，近年来在品种、性能、功能方面有很大的发展。有新型的立、卧五轴联动加工中心，可用

189

于航空、航天零件加工；有专门用于模具加工的高性能加工中心，集成三维 CAD/CAM 对模具复杂的曲面超精加工；有适用于汽车、摩托车大批量零件加工的高速加工中心，生产效率高且具备柔性化。领先一步的机床制造商正在构想未来几年的加工中心，它将是万能型设备，可用于车、铣、磨、激光加工等，成为真正意义上的加工中心，能全自动地从材料送进，到成品产出，粗精加工、淬硬处理、超精加工，自动检测、自动校正，将更精准、更先进。人类的智慧将在高科技产品加工中心上得到充分的展现。

3.1.3 加工中心的主要加工对象

加工中心主要适用于精密、复杂零件加工，周期性重复投产零件加工，多工位、多工序集中的零件加工，具有适当批量的零件加工等。其主要加工对象为箱体类零件（如图 3-5 所示）、箱盖类零件（如图 3-6 所示）、叶轮叶片（如图 3-7 所示）等复杂曲面、异形件、盘、套、板类零件。

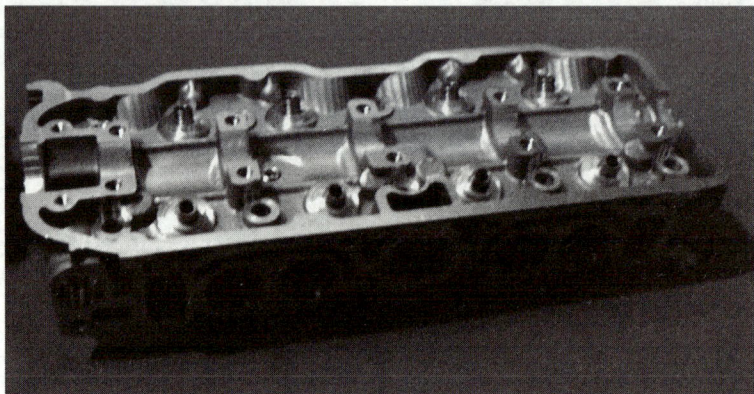

图 3-5 发动机缸体

图 3-6 发动机缸盖

图 3-7 叶轮

3.1.4 KT1400 立式加工中心简介

1. 机床的用途及组成

图 3-8 所示为北京机床研究所生产的 KT1400 立式加工中心。它主要适用于汽车、

摩托车、轻纺机械、模具制造、航天航空、船舶等相关制造行业，适合于板类、盘类、壳体类、小型箱体类及模具等复杂零件的加工。

图 3-8 KT1400 立式加工中心

2. 主要技术参数

KT1400 立式加工中心的主要技术参数见表 3-1。

表 3-1 技术参数表

工作台	KT1400		KT1500
工作台工作面尺寸（mm²）	500×1 200		560×1 200
T 型槽槽宽（mm）×个数	18×4		18×5
工作台承重（kg）	740		1 000
■ 行程			
X 轴行程（mm）	800		1 050
Y 轴行程（mm）	450		560
Z 轴行程（mm）	500		510
主轴端面距工作台面距离（mm）	150～650		150～660
主轴中心线至立柱导轨面距离（mm）	528		650
■ 主轴			
主轴电机功率（kW）	7.5/5.5	11/7.5	15/11
主轴转速（r/min）	20～5 000	80～8 000	15～4 000
主轴锥孔	7：24		7：24
■ 速度			
进给速度（mm/min）	1～10 000		1～4 000

续表

工作台	KT1400	KT1500
X、Y 轴快速移动速度（m/min）	32	10
Z 轴快速移动速度（m/min）	20	10
■ 自动换刀系统		
刀库容量（把）	24	24
最大刀具尺寸（直径×长度）（mm²）	$\phi80×249$	$\phi110×350$
最大刀具重量（kg）	7	15
换刀时间（刀对刀）（s）	2.5	2.7
刀柄规格	BT40、CAT40（可选）	BT50、CAT50（可选）
■ 精度（按 JB/T 8771.4—1998 执行）		
定位精度（mm）	0.016/全行程	0.018/全行程
重复定位精度（mm）	0.006	0.008
■ 机床总体		
机床质量（kg）	7 000	9 500
外形尺寸（长×宽×高）（mm³）	4 000×3 000×2 660	3 350×3 330×2 900

KT1400 立式加工中心配备了电主轴，以及 FANUC 0i-B 数控系统。

任务 2 数控加工中心编程方法

本任务以北京机床研究所生产的 KT1400 立式加工中心为例说明 FANUC 0i-B 系统编程的使用。

3.2.1 加工中心的常用代码

加工中心是在数控铣床的基础上发展起来的，其编程方法与数控铣床基本相同。本书前面两个项目对绝大部分 G 代码、M 代码已经加以说明，下面仅介绍几个与加工中心有关的代码。

1. G30

本指令为返回第二、三、四参考点。加工中心第一参考点一般为机床各坐标的机械零点，而机床通常还设有第二、三、四参考点，用于机床换刀、交换工作台等。机床的第二、三、四参考点的实际位置是通过实际测量后，在机床调试安装时由机床参数设置的，一般情况下用户无须修改。执行完返回第二、三、四参考点命令后，各参考点指示灯将会闪烁。

指令格式：

G30 P2 X Y Z；

例如，KT1400立式加工中心在换刀前需要返回第二参考点，也就是换刀点，用"G30G91Z0；"就可以了，如果是卧式加工中心，则是"G30G91Y0Z0；"。

2. T功能

T功能指令是用来选择机床上的刀具，T2表示第二把刀具，在有些加工中心，刀套号跟刀具号是一一对应的，而在有些加工中心则是随机的，KT1400立式加工中心就是如此。T指令也称为刀指令，在加工过程中如需换刀则应先叫刀再换刀，即叫刀指令和换刀指令最好不要在同一程序段内。例如，现在要换7号刀具，指令应为：

```
G30G91Z0;
T7;
M06;
```

这样避免了机床的机械手在抓刀还没有完全松开的时候就开始换刀，以防损坏刀具及机械手。

3. F、S、H/D功能

加工中心的F、S功能与数控铣床中的基本相同，主要用于机床主轴转速和各坐标切削的进给量控制。H代码后面加2位数字即表示当前主轴刀具的实际长度，存储于相应存储器中。D指令为读取刀具半径数据的指令，其用法与H指令相同。

4. M指令

M06指令是加工中心换刀指令。在机床各相关坐标到达换刀参考点时，执行该指令可以自动换刀。

3.2.2　KT1400立式加工中心编程实例

利用KT1400立式加工中心加工如图3-9所示工件的平面凸轮轮廓，毛坯材料为中碳钢，尺寸如图3-10所示。零件图中23mm深的半圆槽和外轮廓不加工，只讨论凸轮内滚子槽轮廓的加工程序。

1. 工艺分析

装夹：以ϕ45mm的孔和K面为定位基准，用专用夹具装夹。

刀具：用三把ϕ25mm的四刃硬质合金锥柄端铣刀，分别用于粗加工（T03）、半精加工（T04）和精加工（T05）。为保证顺利下刀到要求的槽深，要先用钻头钻出底孔，然后再用键槽铣刀将孔底铣平，因此还要一把ϕ25mm的麻花钻（T01）和一把ϕ25mm的键槽铣刀（T02）。

工步：为达到图纸要求的表面粗糙度，分粗铣、半精铣、精铣三个工步完成加工。半精铣和精铣单边余量分别为1～1.5mm和0.1～0.2mm。在安排上，根据毛坯材料和机床性能，粗加工分两层加工完成，以避免 Z 方向吃刀过深。半精加工和精加工不分层，一刀完成。刀具加工路线选择顺铣，可避免在粗加工时扎刀划伤加工面，而且在精铣时还可以提高表面光洁程度。

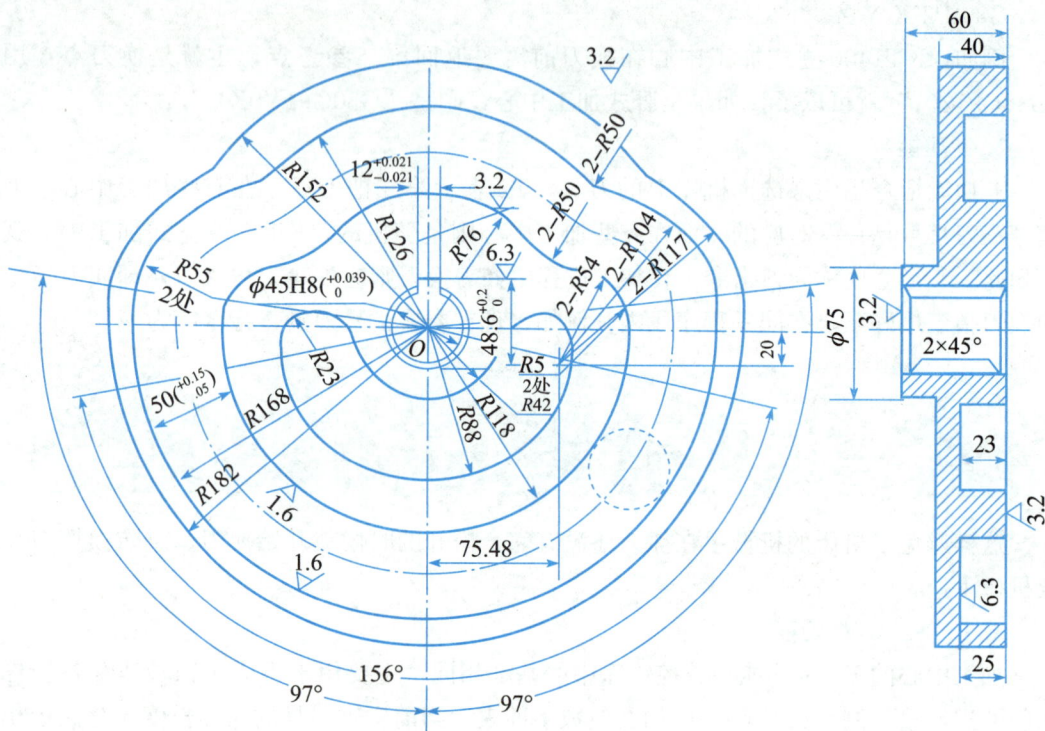

图 3-9　平面凸轮轮廓

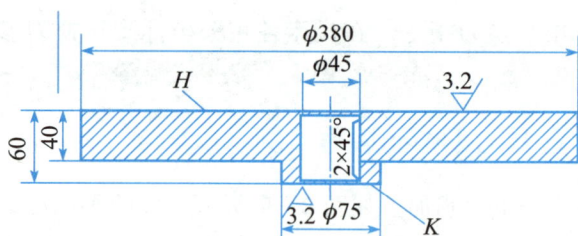

图 3-10　零件图

切削参数：根据毛坯材料、刀具材料和机床特性，选择如表 3-2 所示的切削参数。

表 3-2　切削参数

加工要求	主轴转速（r/min）	进给速度（mm/min）
粗加工	400～450	20～30
半精加工	450～500	30～40
精加工	600	50

2. 数据计算

选择φ45mm孔的中心为编程原点，考虑到该零件关于 Y 轴对称，因此只计算＋X 一侧的基点坐标即可。计算时使用计算机绘图软件求出，如图 3－11 所示。

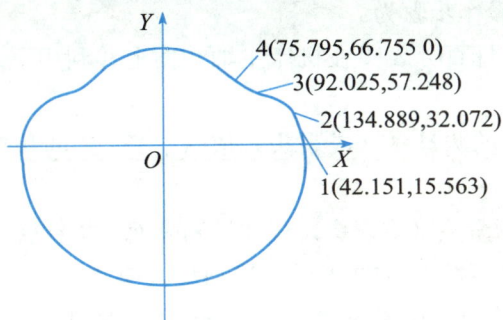

4(75.795,66.755 0)
3(92.025,57.248)
2(134.889,32.072)
1(42.151,15.563)

图 3－11　零件图

知识微课堂

加工程序

任务 3　数控加工中心的对刀

3.3.1　对刀点与换刀点的确定

数控加工中对刀的目的是建立工件坐标系，确定工件坐标系在机床坐标系中的位置，它是通过对刀来实现的。

对刀点可以设在零件上、夹具上或机床上，但必须与零件的定位基准有已知的准确关系。对刀精度要求较高时，对刀点应尽量选在零件的设计基准或工艺基准上。对于以孔定位的零件，可以取孔的中心作为对刀点。

换刀点应根据工序内容来安排，其位置应根据换刀时刀具不碰到工件夹具和机床的原则而定。换刀点往往是固定的点，且设在距离工件较远的地方。

3.3.2　数控加工中心的对刀方法

对刀的准确程度将直接影响加工精度，因此对刀操作一定要仔细，对刀方法一定要同零件加工精度要求相适应。零件加工精度要求较高时，可采用千分表找正对刀，使刀位点与对刀点一致，但这种方法效率低。常用的几种对刀方法有：

1. 工件坐标系原点（对刀头）为圆柱孔（圆柱面）的中心线

（1）采用杠杆百分表（千分表）对刀。

如图 3-12 所示，操作步骤为：

1）用磁性表座将杠杆百分表吸在机床主轴端面上并利用手动操作输入指令，使主轴低速正转。

2）手动操作使旋转的测量头（或表头）依 X、Y、Z 的顺序逐渐靠近孔壁（或圆柱面）。

3）移动 Z 轴，使测量头（或表头）压住被测表面，指针转动约 0.1mm。

4）逐步降低手动脉冲发生器的 X、Y 移动量，使测量头（或表头）旋转一周时，其指针的跳动量在允许的对刀误差内，如 0.02mm，此时可认为主轴的旋转中心与被测孔中心重合。

5）记下此时机床坐标系中的 X、Y 坐标值。此 X、Y 坐标值即为 G54 指令建立工件坐标系时的 X、Y 偏置值。

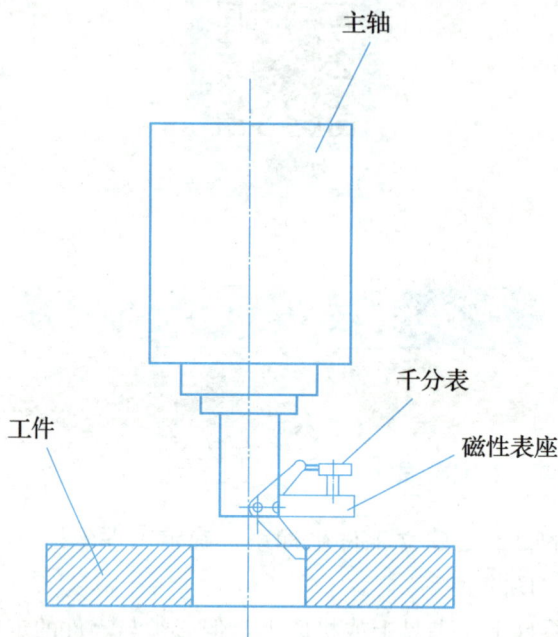

图 3-12　采用杠杆百分表（千分表）对刀

这种操作方法比较麻烦，效率较低，但对刀精度高，对被测孔的精度要求也较高，最好是经过铰或镗加工的孔，仅粗加工后的孔不宜采用。

（2）采用寻边器对刀。

寻边器对刀如图 3-13 所示。光电式寻边器一般由柄部和触头组成，它们之间有一个固定的电位差。触头装在机床主轴上时，工作台上的工件（金属材料）与触头电位相同，当触头与工件表面接触时就形成回路电流，使内部电路产生光电信号，这就是光电式寻边器的工作原理。

（a）寻边器

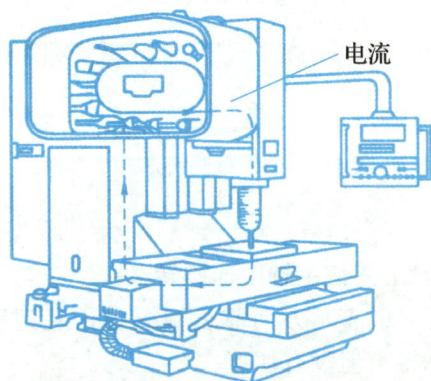

（b）寻边器对刀工作过程

图 3-13　寻边器对刀

其操作步骤为：

1）取出寻边器装在主轴上，并依次按 X、Y、Z 的顺序手动操作。将寻边器测头靠近测孔，使其大致位于被测孔的中心上方。

2）将测头下降至球心超过被测孔上表面的位置。

3）沿 X（或 Y）方向缓慢移动测头直到测头接触到孔壁，指示灯亮，然后反向移动至指示灯灭。

4）逐级降低移动量（0.1mm、0.01mm、0.001mm），移动测头直至指示灯亮，再反向移动直至指示灯灭，最后使指示灯稳定发亮（此项操作的目的是获得准确的对刀精度）。

5）把机床相对坐标 X（或 Y）置零，用最大移动量将测头向另一边孔壁移动，指示灯亮，然后反向移动指示灯灭。

6）重复操作第 4 个步骤。

7）记下此时机床相对坐标值的 X（或 Y）值。

8）将测头向孔中心方向移动到前一步骤记下 X（或 Y）坐标值的一半处，即得被测孔中心的 X（或 Y）坐标值。

9）沿 Y（或 X）方向，重复以上操作，可得被测孔中心的 Y（或 X）坐标。

这种方法操作简便、直观、对刀精度高、应用广泛，但被测孔应有较高的精度。

2. 工件坐标系原点（对刀点）为两条相互垂直直线的交点

（1）采用碰刀（或试切）方式对刀。

如果对刀精度要求不高，为方便操作，可以采用加工时所使用的刀具直接进行对刀，如图 3-14 所示。

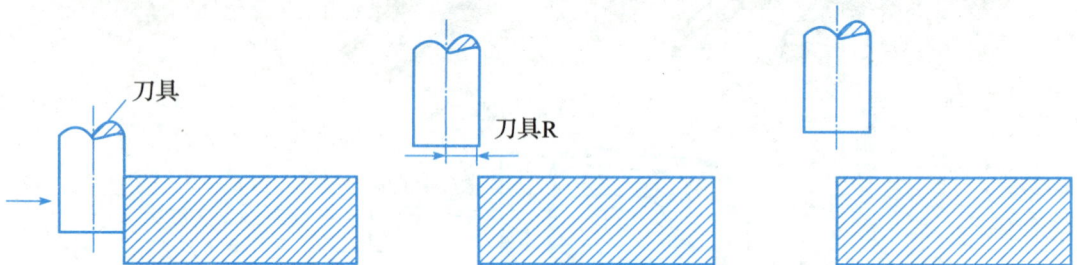

图 3-14　采用试切方式对刀

其操作步骤为：

1）将所用铣刀装到主轴上并使主轴中速旋转。

2）手动移动铣刀沿 X（或 Y）方向靠近被测边，直到铣刀周刃轻微接触到工件表面即听到刀刃与工件的摩擦声但没有切屑。

3）保持 X、Y 坐标不变，将铣刀沿 $+Z$ 方向退离工件。

4）将机床相对坐标 X（或 Y）置零，并沿 X（或 Y）方向向工件方向移动刀具半径的距离。

将此时机床坐标系下的 X（或 Y）值输入系统偏置寄存器中，该值就是被测边的 X（或 Y）偏置值。

5）沿 X（或 Y）方向重复以上操作，可得被测边的 Y（或 X）偏置值。

这种方法比较简单，但会在工件表面留下痕迹，而且对刀精度不够高。为避免损伤工件表面，可以在刀具和工件之间加入塞尺进行对刀，这时应将塞尺的厚度减去。另外，还可以采用标准心轴和块规进行对刀，如图 3-15 所示。

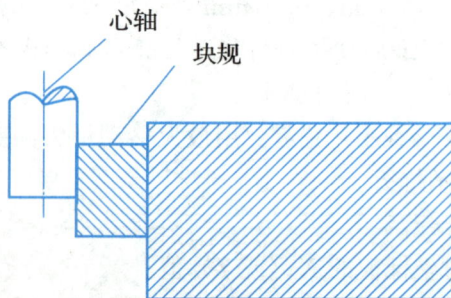

图 3-15　采用标准心轴和块规对刀

（2）采用寻边器对刀。

采用寻边器对刀如图 3-16 所示，其操作步骤与采用刀具对刀相似，只是将刀具换成了寻边器，移动距离是寻边器触头的半径。因此这种方法简便，对刀精度较高。

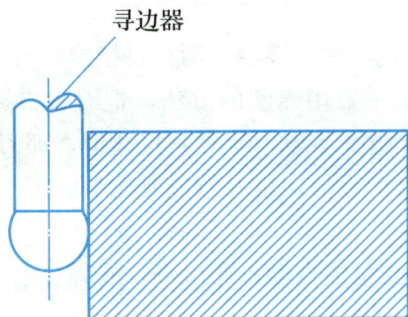

图 3-16　采用寻边器对刀

3. 机外对刀仪对刀

机外对刀仪示意图如图 3-17 所示。机外对刀仪用来测量刀具的长度、直径和刀具形状、角度。刀库中存放的刀具，其主要参数都要有准确的值，这些参数值在编制加工程序时都要加以考虑。使用中因刀具损坏需要更换新刀具时，用机外对刀仪可以测出新刀具的主要参数值，以便掌握与原刀具的偏差，然后通过修改刀补值确保其正常加工。此外，用机外对刀仪还可测量刀具切削刃的角度和形状等参数，有利于提高加工质量。

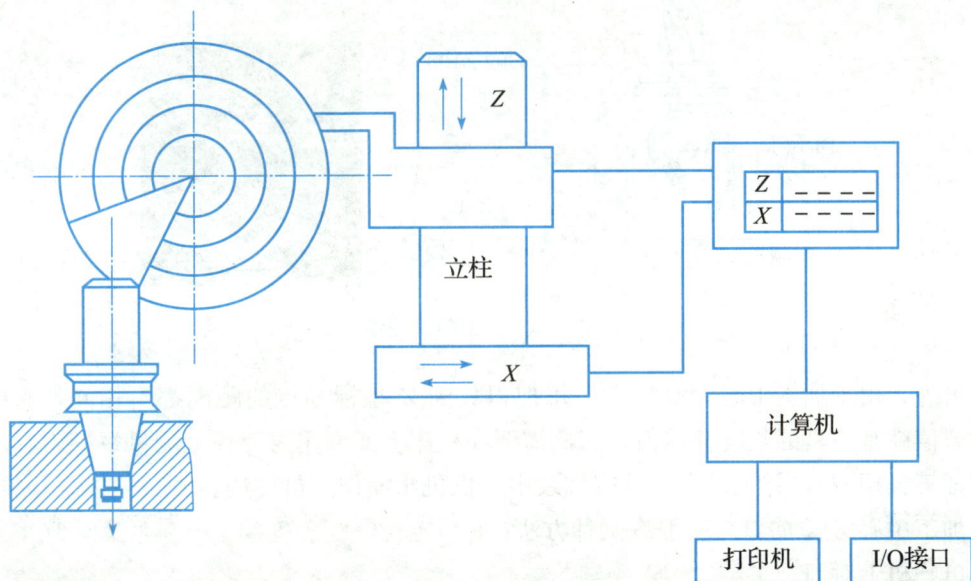

图 3-17　机外对刀仪示意图

对刀仪由下列三部分组成：

（1）刀柄定位机构。

对刀仪的刀柄定位机构与标准刀柄相对应，它是测量的基准，所以要有很高的精度，并与加工中心的定位基准要求一样，以保证测量与使用的一致性。定位机构包括：1）回转精度很高的主轴；2）使主轴回转的传动机构；3）使主轴与刀具之间拉紧的预紧机构。

（2）测头与测量机构。

测头有接触式和非接触式两种。接触式测头直接接触刀刃的主要测量点（最高点和最大外径点）；非接触式测头主要用光学的方法，把刀尖投影到光屏上进行测量。测量机构提供刀刃的切点处的 Z 轴和 X 轴（半径）尺寸值，即刀具的轴向尺寸和径向尺寸。测量的读数有机械式（如游标卡尺），也有数显或光学的。

（3）测量数据处理装置。

该项装置可以把刀具的测量值自动打印出来，或者与上一级管理计算机联网进行加工，实现自动修正和补偿。

4. 刀具 Z 方向对刀

刀具 Z 方向对刀数据与刀具在刀柄上的装夹长度及工件坐标系的 Z 方向零点位置有关，它确定工件坐标系的零点在机床坐标系中的位置。可以采用刀具直接碰刀对刀，也可利用 Z 方向设定器（如图 3-18 所示）进行精确对刀，其工作原理与寻边器相同。对刀时也是将刀具的端刃与工件表面或 Z 方向设定器的测头接触，利用机床坐标的显示来确定对刀值。当使用 Z 方向设定器对刀时，要将 Z 方向设定器的高度考虑进去。

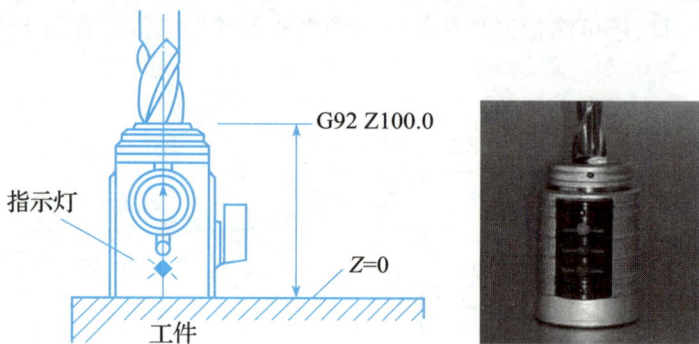

图 3-18 Z 方向设定器

另外，由于加工中心刀具较多，每把刀具到 Z 坐标零点的距离都不相同，这些距离的差值就是刀具的长度补偿值，因此需要在机床上或专用对刀仪上测量每把刀具的长度（即刀具预调），并记录在刀具明细表中，供机床操作人员使用。

加工中心 Z 方向对刀一般有两种方法：

（1）机上对刀。

这种方法是采用 Z 方向设定器依次确定每把刀具与工件在机床坐标系中的相互位置关系，其操作步骤为：

1）依次将刀具装在主轴上，利用 Z 方向设定器确定每把刀具到工件坐标系 Z 方向零点的距离，并记录下来；

2）找出其中最长（或最短）、到工件距离最小（或最大）的刀具，如图 3-19 所示的 H03（或 H01），将其对刀值作为工件坐标系的 Z 值，此时 H03＝0。

3）确定其他刀具的长度补偿值，即 H01＝±|$C-A$|，H02＝±|$C-B$|，正负号由程序中的 G43 或 G44 确定。

这种方法的对刀效率和精度较高。

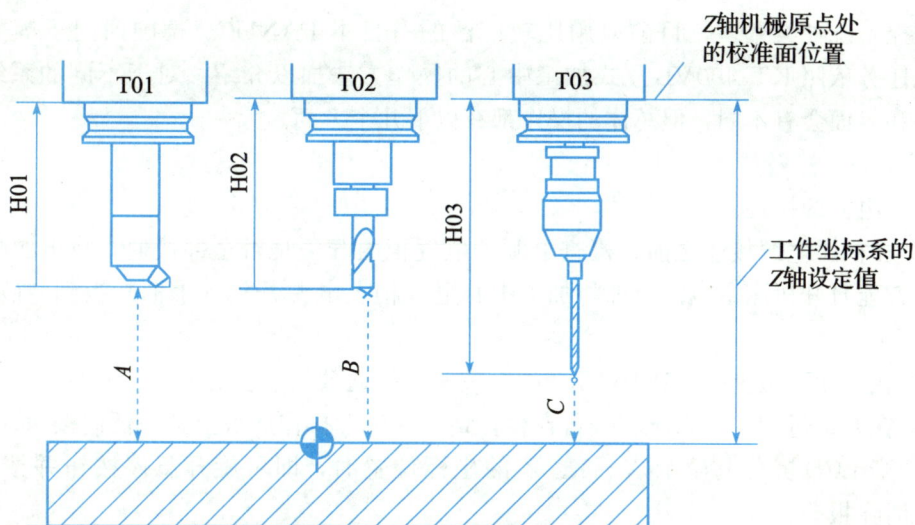

图3-19 刀具长度补偿

（2）机外刀具预调加机上对刀。

这种方法是先在机床外利用刀具预调仪精确测量每把刀具的轴向和径向尺寸，确定每把刀具的长度补偿值，然后在机床上以主轴轴线与主轴前端面的交点（主轴中心）进行 Z 方向对刀，确定工件坐标系。这种方法的对刀精度高。

任务 4　数控加工中心操作实训

实训目的

（1）了解数控加工中心的安全操作规程。

（2）掌握数控加工中心的基本操作方法及步骤。

（3）熟练掌握数控加工中心操作面板上各个按键的功用及使用方法。

（4）掌握数控加工中的基本操作技能。

（5）严格遵守生产规章制度，爱护设备，养成良好的职业习惯。

（6）掌握先进的制造技术，勇于创新，培养精益求精的工匠精神。

实训设备、材料及工具

（1）数控加工中心。

（2）游标卡尺 0～150mm，外径千分尺 0～25mm、25～50mm、50～75mm，深度尺 0～150mm，分中棒，Z 轴设定仪。

（3）键槽铣刀、立铣刀、面铣刀。

（4）零件毛坯。

实训内容

数控系统种类繁多，目前应用比较广泛的有日本 FANUC、德国西门子等数控系统，此任务依照 KT1400VB 立式加工中心的操作方法加以介绍。对于不同的系统，操作方法和界面会有不同，但总体的操作都有以下几个方面。

1. 电源的接通与断开

（1）电源的接通。

1）在机床电源接通之前，检查电源的电气柜内开关是否全部接通，将电源柜门关好后，方能打开机床主电源，即将加工中心电气柜上电源开关（手柄）扳到 "ON" 的位置。

2）在操作面板上按 "POWER ON" 按钮，接通数控系统的电源。

3）在开机过程中，系统将进行自检，请不要触动操作面板上其他任何按钮。

4）当 LCD 屏幕上显示 X、Y、Z 的坐标位置时，即可旋开急停按钮并按 "RESET" 消除报警。

（2）电源的断开。

1）自动加工循环结束，自动循环按钮的指示灯熄灭。

2）按操作面板上的 "POWER OFF" 按钮，断开数控系统的电源。

3）按下红色 "急停" 按钮，并切断电源柜上的机床电源开关。

2. 加工中心运行操作

（1）工作方式选择。

通过工作方式选择旋转开关，可使机床处于某种工作状态，如编辑、MDI、手轮、单步手动等工作状态。在操作机床时必须选择与之对应的工作方式，否则机床不能工作。

（2）手动操作。

知识微课堂

手动操作

（3）MDI 工作方式的操作。

1）直接运行程序。在 MDI 工作方式下，可以用键盘输入一个程序段，并运行这个程序段，操作步骤如下：

①选择 MDI 方式。

②按下 PROG 键。

③键入程序段，每输入一段程序必须按一次 INPUT 键，最多可输入 7 行信息，一

次执行。

④一个程序段输入完毕后，按 START 键或循环启动键，该段程序即被执行。

2）主轴转速的设定。自动运行时主轴的转速、转向、定向等均可在程序中用 S 功能和 M 功能指定。手动操作时，要使主轴启动，必须用 MDI 方式设定主轴转速。

(4) DNC 操作。

系统既可以运行 NC 内部存储器中存放的程序，也可以像纸带操作方式那样运行外设中存放的程序，即在线加工。在线加工需要用户自备计算机、传输软件、传输线等。具体操作过程如下：

1）选择自动方式和按"RESET"按钮；

2）按操作盘上的"远程控制"或"DNC"软键，确认软键上的灯亮，系统处于远程控制方式；

3）按下循环启动按钮，启动 NC 系统，此时系统进入在线加工状态；

4）在计算机侧选择加工程序并启动传输功能；

5）在计算机侧必须接地。

(5) 存储器操作。

知识微课堂

存储器操作

(6) 机床的急停。

在机床手动或自动运行中，一旦发现异常情况，必须立即停止机床的运动。使用急停按钮或进给保持（FEED HOLD）按钮中的任意一个，均可使机床停止。如果在机床运行时按下急停按钮，排除故障后要恢复机床的工作，则必须进行手动返回机床参考点的操作；如果在刀库转动中按了急停按钮，则必须进行手动返回刀库参考点的操作；如果在换刀动作中按了急停按钮，则必须用 MDI 工作方式把换刀机构调整好。

如果在机床运行时按下 FEED HOLD 按钮，则机床处于保持状态。待故障解除后，无须进行返回参考点的操作。

(7) RS232 接口的使用。

通过 RS232 接口可以实现外设与系统存储器之间数据（NC 参数、PC 参数、加工程序、刀补数据等）的传送，外设及相关电缆、软件由用户自备。

1）核实输出设备及其设置与系统有关通信参数是否匹配。

①传输波特率（一般为 4 800b/s）。

②停止位（1 位或 2 位）。

③输出装置类型。

④奇偶校验有无。

⑤系统 I/O 通道使用情况（通道不同，以上参数对应的参数号不同）。

2）数据输入。

①将输入数据的外部设备准备就绪。

②选择编辑方式（EDIT），打开程序保护锁。

③按"PROG"键选择程序画面，输入程序号 O××××，按"操作"键选择"READ"输入键即可输入程序。

按"SYSTEM"键选择参数画面，按"操作"键选择"READ"输入键即可输入参数。

注：当输入数据时，应先启动 CNC 接收后启动传输设置输出，以防止数据丢失。

3）程序输出。

①选择编辑方式（EDIT）。

②按"PROG"键选择程序画面，输入程序号 O×××× 并按"操作"键选择"PUNCH"输出键。

③操作输出外部设备。

注：当数据、参数输出时，应先启动传输设置接收后启动 CNC 输出，以防止数据丢失。

4）参数输出。

①选择编辑方式（EDIT）。

②按"SYSTEM"键，选择参数画面并按"操作"键，选择"PUNCH"输出键。

③操作输出外部设备。

（8）软限位超程保护。

为了安全起见，在机床每个坐标轴两端设有行程软限位。当坐标轴运动超过行程软限位时，按下列步骤恢复正常：

1）选择手动进给或手轮进给方式；

2）手动或用手轮将轴返回到正常区域；

3）按下 LCD/MDI 键盘上的"RESET"按钮，直至报警解除。

（9）主轴松刀。

为了手动装卸刀具方便，在主轴箱上装有一个松刀按钮。主轴停止时，在任一手动方式下，按此按钮，主轴刀具松开，再按此按钮，主轴刀具拉紧。

（10）试运行。

1）将程序输入机床后，在指导教师检查无误后方可进行试运行。

2）将 G54 或增量坐标系提高＋100.0mm。

3）程序启动前刀具距工件 200.0mm 以上。

4）调出主程序，坐标放在主程序头。

5）检查机床各功能键的位置是否正确。

6）启动程序时一只手按开始按钮，另一只手按停止按钮。

（11）试切削。

测量尺寸，调试程序。（用于批量生产）

（12）自动加工。

1）将增量坐标系改为零，关闭"试运行"。

2）将光标移到主程序头。

3）将防护门关闭以免铁屑、润滑油飞溅出来伤人。

4）在程序中有暂停测量工件尺寸时，待机床安全停止后方可进行测量。此时不要触及开始按钮，以免发生人身事故。

5）若发现有不正常现象，则立即向老师汇报。

（13）清理、整理机床。

1）清扫铁屑，擦机床及玻璃门上的切削液。

2）将工作台调到机床中间。

3）整理好刀具及工量具。

（14）关闭机床电源。

1）关闭 NC 电源。

2）关闭主机电源。

3）关闭压缩空气。

🌐 实训步骤

1. 开机、关机、急停、复位、回机床参考点、超程解除操作步骤

（1）机床的启动。

（2）关机操作步骤。

（3）回零（ZERO）。

（4）急停、复位。

（5）超程解除步骤。

2. 手动操作步骤

（1）点动操作。

（2）增量进给。

（3）手摇进给。

（4）手动数据输入 MDI 操作。

3. 程序编辑

（1）编辑新程序。

（2）选择已编辑程序。

4. 程序运行

（1）程序模拟运行。

（2）程序单段运行。

（3）程序自动运行。

5. 数据设置

（1）刀偏数据设置。

（2）刀补数据设置。

（3）零点偏置数据设置。

（4）显示设置。

（5）工作图形显示设置。

注意事项

（1）安全第一，操作数控加工中心时应确保安全，包括人身和设备的安全。

（2）禁止多人同时操作机床。

（3）禁止让机床在同一方向连续"超程"。

（4）编程时，注意 Z 方向的数值正负号。

（5）认真计算圆弧连接点和各基点的坐标值，确保走刀正确。

（6）安全第一，必须在教师的指导下，严格按照数控加工中心安全操作规程，有步骤地进行。

（7）首次模拟可按操作面板上的"机床锁住"按钮，将机床锁住，看其图形模拟走刀轨迹是否正确，再关闭"机床锁住"按钮进行刀具实际轨迹模拟。

同步训练

工量刃具准备单

一、材料准备					
材　质	铝合金	尺　寸	100mm×100mm×25mm	数　量	1件

二、设备、工具、刀具、量具						
序号	分类	名称	尺寸规格	单位	数量	备注
1	设备	加工中心		台	1	
		平口钳	150mm×50mm	台	1	相应附件
2	刃具	面铣刀	ϕ100	把	1	
		立铣刀	ϕ16	把	1	
		立铣刀	ϕ8	把	1	
		球头铣刀	R4	把	1	
		麻花钻	ϕ6	把	1	
3	工具系统	强力铣刀刀柄		套	1	相配的弹性套
4	工具	锉刀		套	1	
		铜片			若干	
		夹紧工具		套	1	
		等高垫块			若干	
		刷子		把	1	
		油壶		把	1	
		清洗油			适量	
		粗糙度样板	N0~N1	副	1	
		紫铜棒		根	1	
5	量具	0~150mm 游标卡尺		把	1	
		百分表		只	1	
		磁性表座	0~5mm	套	1	
6	其他	草稿纸			适量	
		计算器		个	1	
		工作服		套	1	
		护目镜		副	1	

花型凹球零件加工

技术要求：
1. 若未标注公差则按IT12加工；
2. 锐边倒钝；
3. 毛坯尺寸：100mm×100mm×25mm。

80±0.02

80±0.02

$\phi 20$

8-R18

4-ϕ6

ϕ38

4-R4

A

A

截面A—A

3.2

3.2

45°×2

20$^{+0.06}_{0}$

15$^{+0.05}_{0}$

16

SR30

$\phi 66^{+0.03}_{0}$

// 0.02 A

A

A

其余 6.3

检测评分记录表

姓名		单位		工种	加工中心	图号			
序号	考核项目	考核内容		评分标准		配分	检测结果	得分	备注
1	主要尺寸	80 ± 0.02	IT	超差 0.01 扣 1 分		6			2 处
			Ra	降一级扣 1 分		2			
		$\phi66_0^{+0.03}$	IT	超差 0.01 扣 1 分		4			
			Ra	降一级扣 1 分		2			
		$15_0^{+0.05}$	IT	超差 0.01 扣 1 分		5			
		$20_0^{+0.06}$	IT	超差 0.01 扣 1 分		5			
		$SR30$	IT	超差 0.01 扣 1 分		18			
			Ra	降一级扣 1 分		2			
		// 0.02 A	IT	超差 0.01 扣 1 分		5			
2	次要尺寸	$\phi38$	IT	超差 0.01 扣 1 分		2			
		$\phi6$	IT	超差 0.01 扣 1 分		6			4 处
			Ra	降一级扣 1 分		2			
		$R18$	IT	超差 0.01 扣 1 分		2			4 处
			Ra	降一级扣 1 分		2			
		$R4$	IT	超差 0.01 扣 1 分		2			
			Ra	降一级扣 1 分		2			4 处
		$\phi20$	IT	超差 0.01 扣 1 分		2			
		16	IT	超差 0.01 扣 1 分		1			
3	程序编制	建立工件坐标系		出错不得分		3			
		程序代码正确		出错不得分		3			
		刀具轨迹正确		出错不得分		3			
		程序完整		不完整不得分		3			
4	机床操作	机床操作规范		不规范不得分		3			
		工件装夹正确		出错不得分		3			
		对刀正确		出错不得分		3			
		刀具装夹正确		出错不得分		3			
5	工、量具的正确使用	工、量具摆放整齐		不规范不得分		3			
		工、量具使用正确		不规范不得分		3			
6	加工时间	超过定额时间 5min 扣 1 分；超过 10min 扣 5 分，以后每超过 5min 加扣 5 分，超过 30min 则停止考试。							
7	文明生产	按有关规定每违反一项从总分中扣 3 分，若发生重大事故则取消考试。扣分不超过 10 分。							
	总分								
	检测教师						日期		

项目 4　　数控机床维护保养

学习目标

知识目标

▶ 理解数控机床维护保养的重要意义。
▶ 学习数控机床维护保养基本操作。

能力目标

▶ 具有数控机床维护保养的能力。

素养目标

▶ 正确执行安全操作规程，树立安全意识。
▶ 培养学生爱岗敬业的精神。

任务 1　数控机床的使用和管理

4.1.1　数控机床的使用

　　数控机床与普通机床相比，不仅生产效率高，零件加工精度高，产品质量稳定，还可以完成很多普通机床难以完成或根本无法加工的复杂型面零件的加工。数控机床整个加工过程是受由大量电子元器件组成的数控系统按照数字化的程序控制完成的。在加工过程中，由数控系统或执行部件造成的工件报废或安全事故，通常操作者是无法控制的。

　　数控机床工作的稳定性、可靠性和准确性很重要，操作者除了要掌握数控机床的性能并精心操作外，还要学会排除各种影响机床稳定性、可靠性和准确性的因素，以充分发挥数控机床的优越性。为此，各数控机床用户应根据单位的具体实际情况注意以下七个常见问题。

4.1.2　数控机床的科学管理

设备管理是现代企业的一项系统工程，要根据企业的生产发展及经营目标，通过一系列技术、经济、组织措施及科学方法来进行。它包括设备选购、安装、调试、验收、使用、维护、改造直至设备报废整个过程的一系列管理工作。

数控设备管理要做到科学，必须建立健全各项规章制度，如设备使用的定人、定机、定岗制度，进行岗位培训，严禁无证操作。根据各种设备特点，制定各项安全操作规程、维护保养规程及维护规程。严格执行设备年检和定期、定级保养制度，并严格执行有关保养记录。对故障维护要认真做好有关故障记录和说明，如故障现象、原因分析、排除方法、隐含问题和所用备件等，对维护人员实行派工卡制，建立完善的维护档案。做好为设备保养和维护所用的备品配件的采购、管理工作。维护部门要配备必要的技术手册和相关的工作器具。随着数控机床的进一步普及和发展，应按地区和行业组建维护协作网，开展网上专家会诊工作等。

任务 2　数控机床精度的维护保养

数控机床是典型的机电一体化产品，在企业生产中起着至关重要的作用，只有正确地操作和精心地维护，才能充分发挥它的技术优势，给企业带来巨大的效益。正确地操作使用能防止机床非正常磨损，避免突发故障；精心地维护可使机床保持良好的技术状态，延缓劣化进程，及时发现和消灭故障隐患于未然，防止恶性事故的发生，从而保障安全运行。因此，数控机床的正确使用与精心维护，是贯彻以防为主的设备维护管理方针的重要环节。

数控机床种类繁多，各类数控机床因其功能、结构及系统的不同，各具不同的特性。其维护保养的内容和规则也各具特色，具体应根据机床种类、型号及实际使用情况，并参照机床使用说明书要求，制定和建立必要的定期、定级保养制度。

下面是一些常见、通用的日常维护保养要点。

4.2.1 数控系统的维护保养

数控系统经过一段较长时间的使用，某些元器件性能总是要老化甚至被损坏，为了尽量延长使用寿命，防止各种故障，特别是恶性事故的发生，就必须对数控系统进行日常的维护保养。

1. 严格遵守操作规程和日常维护保养制度

数控系统编程、操作和维护人员必须经过专门的技术培训，熟悉所用数控机床的使用环境、条件等，能按机床和系统使用说明书的要求正确、合理地使用，尽量避免因操作不当引起的故障；同时，应根据安全操作规程的要求，针对数控系统各部件的特点，确定各自的保养条例。

2. 尽量少开数控柜和强电柜的门

机床加工车间的空气中一般都含有油雾、灰尘甚至金属粉末，一旦它们落在数控系统内的电路板或电子器件上，容易引起元器件间绝缘电阻值下降，甚至导致元器件及电路板的损坏。有的用户在夏天为了使数控系统能超负荷长期工作，打开数控柜的门来散热，这是一种极不可取的方法，其最终将导致数控系统的加速损坏。正确的方法是降低数控系统的外部环境温度，不允许随便开启柜门。对一些已受外部尘埃、油雾污染的接插件和电路板，可用专用电子清洁剂喷洗。

3. 定时清扫数控柜的散热通风系统

应每天检查数控柜上的各个冷却风扇工作是否正常。视工作环境的状况，每半年或每季度检查一次风道过滤器是否有堵塞现象。若过滤网上灰尘积聚过多，则需要及时清理，否则将会引起数控柜内温度过高，导致过热报警或数控系统工作不可靠。如果由于环境温度过高，造成数控柜内温度超过上限，则应及时加装空调。安装空调后，数控系统的稳定性与可靠性会有明显的提高。

4. 定期检查和更换直流电动机电刷

现代数控机床上有用交流伺服电动机和交流主轴电动机取代直流伺服电动机和直流主轴电动机的倾向，但 20 世纪 80 年代生产的数控机床大都使用直流伺服系统。直流电动机电刷的过度磨损会影响电动机的性能，甚至造成电动机损坏。为此，应对电动机电刷进行定期检查和更换。数控车床、数控铣床、加工中心等应每年检查一次。

5. 定期更换存储器用电池

一般数控系统对存储器采用 CMOS RAM 器件，内部设有可充电电池维持电路，以保证数控系统不通电期间能保持存储的内容。在正常电源供电时，由 +5V 电源经一个二极管向 CMOS RAM 供电，并对可充电电池进行充电。而当数控系统切断电源时，数控系统改为由电池供电来维持 CMOS RAM 内的信息。一般情况下，即使电池尚未失效，也应每年更换一次电池，以确保系统能正常工作。电池的更换一定要在数控系统供电状态下进行，以免存储参数丢失。

6. 备用电路板的维护

印刷电路板长期不用容易出现故障，因此，对已购置的备用电路板应定期装到数控系统中通电运行一段时间，以防损坏。

4.2.2　机床部件的维护保养

与传统机床相比，数控机床的机械结构较简单，但机械部件的精度提高了，相应地对维护保养也提出了更高的要求。

1. 主传动链的维护保养

熟悉数控机床主传动链的结构、性能和主轴调整方法，严禁超性能使用。出现不正常现象时，应立即停机排除故障。使用带传动的主轴系统，需要定期调整主轴驱动带的松紧程度，防止因带打滑造成的丢转现象。注意观察主轴箱温度，检查主轴润滑恒温油箱，调节温度范围，防止各种杂质进入油箱，及时补充油量。每年更换一次润滑油，并清洗过滤器。主轴中刀具夹紧装置长时间使用后，会产生间隙，影响刀具的夹紧，需要及时调整液压缸活塞的位移量。

2. 滚珠丝杠螺母副的维护保养

应定期检查、调整滚珠丝杠螺母副的轴向间隙，保证反向传动精度和轴向刚度。定期检查丝杠支承与床身的连接是否有松动以及支承轴承是否有损坏。用润滑油润滑的滚珠丝杠螺母副，每次机床工作前加油一次。避免工作中撞击防护罩，丝杠防护装置若有损坏应及时更换，以防灰尘或切屑进入。

3. 刀库及换刀机械手的维护保养

用手动方式往刀库上装刀时，要确保装到位，装牢靠，检查刀座上的锁紧是否可靠。严禁把超重、超长的刀具装入刀库，防止机械手换刀时掉刀或刀具与工件、夹具等发生碰撞。采用顺序选刀方式时须注意刀具放置在刀库上的顺序是否正确，其他选刀方式也要注意所校刀具号是否与所需刀具一致，防止换错刀具发生事故。经常检查刀库的回零位置是否正确，检查机床主轴回换刀点位置是否到位，并及时调整，否则不能完成换刀动作。开机时，应先使刀库和机械手空运行，检查各部分工作是否正常，特别是各行程开关和电磁阀能否正常动作。检查机械手液压系统的压力是否正常，刀具在机械手上锁紧是否可靠，若发现异常应及时处理。

4.2.3　液压、气压系统的维护保养

应定期对液压系统进行油质化验检查和更换液压油；定期对各润滑、液压、气压系统的过滤器或分滤网进行清洗或更换；定期对气压系统分水滤气器放水；定期检查更换密封件，保持液压、气压系统的密封性。

4.2.4　机床精度的维护保养

严格执行机床的操作规程和维护规程，文明操作，严禁超性能使用，加强对机床精度的维护保养。定期进行机床水平和机械精度检查并且校正。机械精度的校正方法有软、硬两种。软方法主要是通过系统参数补偿，如丝杠反向间隙补偿、各坐标定位精度定点补偿、机床回参考点位置校正等；硬方法一般要在机床大修时进行，如进行机床导

轨修刮、滚珠丝杠螺母副预紧调整反向间隙等。

另外，应使机床保持良好的润滑状态。定期检查清洗自动润滑系统，添加或更换油脂油液，使丝杠、导轨等各运动部位始终保持良好的润滑状态，降低机械磨损速度。适时对各坐标轴进行超行程限位试验，尤其是对于硬件限位开关，由于切削液等原因使之产生锈蚀，平时又主要靠软件限位起保护作用，但关键时刻如果锈蚀则不起作用而产生碰撞，甚至损坏滚珠丝杠，严重影响其机械精度。试验时只要用手按一下限位开关查看是否出现超程警报即可。

为了更具体地说明日常维护保养的要点，下面特附上某型号数控机床的日常保养一览表（见表4-1），其他形式的数控机床的维护保养与此基本相同。

表4-1　数控机床日常保养一览表

序号	检查周期	检查部位	检查要求（内容）
1	1天	导轨润滑油箱	检查油量，及时添加润滑油，润滑油泵是否定时启动打油及停止
2	1天	主轴润滑恒温油箱	工作是否正常，油量是否充足，温度范围是否合适
3	1天	机床液压系统	油箱液压泵有无异常噪声，工作油面高度是否合适，压力表指示是否正常，管路及各接头有无泄漏
4	1天	压缩空气气源压力	气动控制系统压力是否在正常范围之内
5	1天	气源自动分水滤气器，自动空气干燥器	及时清理分水器中滤出的水分，保证自动空气干燥器工作正常
6	1天	气液转换器和增压油面	油量不够时要及时补充足
7	1天	X、Z轴导轨面	清除切屑和脏的物体，检查导轨面有无划伤、损坏，润滑油是否充足
8	1天	CNC输入/输出单元	如光电阅读机的清洁，机械润滑是否良好
9	1天	各防护装置	导轨、机床防护罩等是否齐全有效
10	1天	电气柜各散热通风装置	各电气柜中冷却风扇是否正常工作，风道过滤网有无堵塞，及时清洗过滤器
11	1周	各电气柜过滤网	清洗黏附的尘土
12	不定期	冷却油箱、水箱	随时检查液面高度，及时添加油（或水），太脏时要更换。清洗油箱（水箱）和过滤器
13	不定期	废油池	及时取走积存在废油池中的废油，以免溢出
14	不定期	排屑器	经常清理切屑，检查有无卡住等现象
15	半年	检查主轴驱动皮带	按机床说明书要求调整皮带的松紧程度
16	半年	各轴导轨上镶条、压紧螺母，滚轮	按机床说明书要求调整松紧程度

续表

序号	检查周期	检查部位	检查要求（内容）
17	1年	检查或更换电动机碳刷	检查换向器表面，去除毛刺，吹净碳粉，磨损过短的碳刷及时更换
18	1年	液压油路	清洗溢流阀、减压阀、滤油器、油箱，过滤液压油或更换
19	1年	主轴润滑恒温油箱	清洗过滤器、油箱，更换润滑油
20	1年	润滑油泵、过滤器	清洗润滑油池，更换过滤器
21	1年	滚珠丝杠	清洗丝杠上旧的润滑脂，涂上新的润滑脂

任务 3　数控机床常见故障诊断和维护

数控机床的生产厂家、机型、型号、系统不同，常见故障所发生的频率、内容、原因等也就不一样。详细诊断和维护的方式、方法一定要查阅随机配套的相关技术文件资料，以其为主。下面简述故障诊断和维护的一般原则。

4.3.1　数控机床常见故障诊断

知识微课堂

数控机床
常见故障

4.3.2　数控机床常见故障排除

数控机床的故障现象种类繁多，原因复杂，按其发生的部位基本上可分为以下几类：

1. 机械部分常见故障及其处理

数控机床常见的机械故障多种多样，每种机床都有相关说明书及机械修理手册来说明，这里仅介绍一些具有共性的部件故障。

（1）主轴部件故障。

主轴部件故障主要有自动调速装置故障、主轴快速运转的精度保持性故障及主轴运转时发出异常声音。表4-2为主轴部件的常见故障及其排除方法。

表 4－2　主轴部件的常见故障及其排除方法

序号	故障现象	故障原因	排除方法
1	加工精度达不到要求	机床在运输过程中受到冲击	检查对机床精度有影响的各部位，特别是导轨副，并按出厂精度要求重新调整或修复
		安装不牢固，安装精度低或有变化	重新安装、调平、紧固
2	切削振动大	主轴箱和床身连接螺钉松动	恢复精度后紧固连接螺钉
		轴承预紧力不够，游隙过大	重新调整轴承游隙，但预紧力不宜过大，以免损坏轴承
		轴承预紧螺母松动，使主轴窜动	紧固螺母，确保主轴精度合格
		轴承拉毛或损坏	更换轴承
		主轴与箱体超差	修理主轴或箱体，使其配合精度、位置精度达到要求
		其他因素	检查刀具或切削工艺问题
		如果是车床，则可能是转塔刀架运动部位松动或压力不够而未卡紧	调整修理
3	主轴噪声大	主轴部件动平衡不好	重做动平衡
		齿轮啮合间隙不均匀或严重损伤	调整间隙或更换齿轮
		轴承损坏或传动轴弯曲	修复或更换轴承，校直传动轴
		传动带长度不一或过松	调整或更换传动带，不能新、旧混用
		齿轮精度差	更换齿轮
		润滑不良	调整润滑油量，保持主轴箱的清洁度
4	齿轮和轴承损坏	变挡压力过大，齿轮受冲击产生破损	按液压原理图，调整到适当的压力和流量
		变挡机构损坏或固定销脱落	修复或更换零件
		轴承预紧力过大或无润滑	重新调整预紧力，并添加润滑油
5	主轴无变速	电器变挡信号是否输出	电器人员检查处理
		压力是否足够	检测并调整工作压力
		变挡液压缸损坏或卡死	修去毛刺和研伤，清洗后重装
		变挡电磁阀卡死	检修并清洗电磁阀
		变挡液压缸拨叉脱落	修复或更换
		变挡液压缸窜油	更换密封圈
		变挡复合开关失灵	更换新开关

续表

序号	故障现象	故障原因	排除方法
6	主轴不转动	主轴转动指令是否输出	电器人员检查处理
		保护开关没有压合或失灵	检修压合保护开关或更换
		卡盘未夹紧工件	调整或修理卡盘
		变挡复合开关损坏	更换复合开关
		变挡电磁阀体内泄漏	更换电磁阀
7	主轴发热	主轴轴承预紧力过大	调整预紧力
		轴承碰伤或损坏	更换轴承
		润滑油脏或有杂质	清洗主轴箱,更换新油
8	液压变速时齿轮推不到位	主轴箱内拨叉磨损	选用球墨铸铁作拨叉材料
			在每个垂直滑移齿轮下方安装塔簧作为辅助平衡装置,减轻对拨叉的压力
			活塞的行程与滑移齿轮的定位相协调
			若拨叉磨损,则予以更换

（2）滚珠丝杠副故障。

滚珠丝杠副故障大部分是由运动质量下降、反向间隙过大、机械爬行、润滑不良、轴承噪声过大等原因造成的。表4-3为滚珠丝杠副的常见故障及其排除方法。

表4-3　滚珠丝杠副的常见故障及其排除方法

序号	故障现象	故障原因	排除方法
1	反向误差大,加工精度不稳定	丝杠轴联轴器锥套过松	重新紧固并用百分表反复测试
		丝杠轴滑板配合压板过紧或过松	重新调整或研修,用 0.03mm 塞尺塞入为合格
		丝杠轴滑板配合楔铁过紧或过松	重新调整或研修,使接触率达到 70% 以上,用 0.03mm 塞尺塞不进为合格
		滚珠丝杠预紧力过紧或过松	调整预紧力,检查轴向窜动值,使其误差不大于 0.015mm
		滚珠丝杠螺母端面与结合面不垂直,结合过松	修理、调整或加垫处理
		丝杠支座轴承预紧力过紧或过松	修理调整
		滚珠丝杠制造误差大或轴向窜动	用控制系统自动补偿功能消除间隙,用仪器测量并调整丝杠窜动
		润滑油不足或没有	调节至各导轨面均有润滑油
		其他机械干涉	排除干涉部位

续表

序号	故障现象	故障原因	排除方法
2	加工件粗糙度值高	导轨的润滑油不足，致使溜板爬行	加润滑油，排除润滑故障
		滚珠丝杠有局部拉毛或研损	更换或修理丝杠
		丝杠轴承损坏，运动不平稳	更换轴承
		伺服电动机未调整好，增益过大	调整伺服电动机控制系统
3	滚珠丝杠在运转中转矩过大	两个滑板配合压板过紧或研损	重新调整或修研压板，使 0.04mm 塞尺塞不进为合格
		滚珠丝杠螺母反向器损坏，滚珠丝杠卡死或轴端螺母预紧力过大	修复或更换丝杠并精心调整
		丝杠研损	更换
		伺服电动机与滚珠丝杠连接不同轴	调整同轴度并紧固连接座
		无润滑油	添加润滑油
		超程开关失灵造成机械故障	检查故障并排除
		伺服电动机过热报警	检查故障并排除
4	丝杠螺母润滑不良	分油器是否分油	检查定量分油器
		油管是否堵塞	清除污物使油管畅通
5	滚珠丝杠副噪声	滚珠丝杠轴承压盖压合不良	调整压盖，使其压紧轴承
		滚珠丝杠润滑不良	检查分油器和油路，使润滑油充足
		滚珠产生破损	更换滚珠
		电动机与丝杠联轴器松动	拧紧联轴器，锁紧螺钉

（3）自动换刀装置（ATC）故障。

自动换刀装置已在加工中心上大量装置，据统计目前有 50% 的机械故障与它有关。故障主要是刀库运动故障、换刀定位误差过大、机械手夹持刀柄不稳定和机械手运动误差过大等，这些故障都会造成换刀动作卡住，使整机停止工作等。表 4-4 为刀架、刀库及自动换刀装置的常见故障及其排除方法。

表 4-4　刀架、刀库及自动换刀装置的常见故障及其排除方法

序号	故障现象	故障原因	排除方法
1	转塔刀架没有抬起动作	控制系统是否有 T 指令输出信号	如未能输出，请电器人员排除
		抬起电磁铁断线或抬起阀杆卡死	修理或清除污物，更换电磁阀
		压力不够	检查油箱并重新调整压力
		抬起液压缸研损或密封圈损坏	修复研损部分或更换密封圈
		与转塔抬起连接的机械部分研损	修复研损部分或更换零件

续表

序号	故障现象	故障原因	排除方法
2	转塔转位速度缓慢或不转位	检查是否有转位信号输出	检查转位继电器是否吸合
		转位电磁阀断线或阀杆卡死	修理或更换
		压力不够	检查是否是液压故障，调整到额定压力
		转位速度节流阀是否卡死	清洗节流阀或更换
		液压泵研损卡死	检修或更换液压泵
		凸轮轴压盖过紧	调整调节螺钉
		抬起压缸体与转塔平面产生摩擦、研损	松开连接盘进行转位试验；取下连接盘配磨平面轴承下的调整垫，并使相对间隙保持在 0.04mm
		安装附具不配套	重新调整附具安装，减少转位冲击
3	转塔转位时碰牙	抬起速度或抬起延时时间短	调整抬起延时参数，增加延时时间
4	转塔不正位	转位盘上的撞块与选位开关松动，使转塔到位时传输信号超前或滞后	拆下护罩，使转塔处于正位状态，重新调整撞块与选位开关的位置并紧固
		上下连接盘与中心轴花键间隙过大产生位移偏差大，落下时易碰牙顶，引起不到位	重新调整连接盘与中心轴的位置；若间隙过大，可更换零件
		转位凸轮与转位盘间隙大	用塞尺测试滚轮与凸轮，将凸轮调至中间位置；转塔左右窜量保持在两齿中间，确保落下时顺利咬合；转塔抬起时用手摆动，摆动量不超过两齿的 1/3
		凸轮在轴上窜动	调整并紧固固定转位凸轮的螺母
		转位凸轮轴的轴向预紧力过大或有机械干涉，使转塔不到位	重新调整预紧力，排除干涉
5	转塔转位不停	两个计数开关不同时计数或复位开关损坏	调整两个撞块位置及两个计数开关的计数延时，修复复位开关
		转塔上的 24V 电源线断	接好电源线

续表

序号	故障现象	故障原因	排除方法
6	转塔刀重复定位精度差	液压夹紧力不足	检查压力并调到额定值
		上下牙盘受冲击，定位松动	重新调整固定
		两牙盘间有污物或滚针脱落在牙盘中间	清除污物以保持转塔清洁，检修更换滚针
		转塔落下夹紧时有机械干涉（如夹铁屑）	检查排除机械干涉
		夹紧液压缸拉毛或研损	检修拉毛或研损部分，更换密封圈
		转塔坐落在二层滑板之上，由于压板和楔铁配合不牢产生运动偏大	修理调整压板和楔铁，0.04mm塞尺塞不进
7	刀具不能夹紧	风泵气压不足	使风泵气压在额定范围内
		增压漏气	关紧增压
		刀具卡紧液压缸漏油	更换密封装置
		刀具松紧卡簧上的螺母松动	旋紧螺母
8	刀具夹紧后不能松开	松锁刀的弹簧压力过紧	调节松锁刀弹簧上的螺母，使其最大载荷不超过额定数值
9	刀套不能夹紧刀具	检查刀套上的调节螺母	顺时针旋转刀套两端的调节螺母，压紧弹簧，顶紧卡紧销
10	刀具从机械手中脱落	刀具超重，机械手卡紧销损坏	刀具不得超重，更换机械手卡紧销
11	机械手换刀过快	气压太高或节流阀开口过大	保证气泵的压力和流量，旋转节流阀至换刀速度合适
12	换刀时找不到刀	刀位编码用组合行程开关、接近开关等元件损坏、接触不好或灵敏度降低	更换损坏元件

（4）液压传动系统故障。

液压传动系统的主要驱动对象有液压卡盘、静压导轨、液压拨叉变速液压缸、主轴箱的液压平衡、液压驱动机械手和主轴的松刀液压缸等。液压传动系统故障主要有流量不足、压力不足、油温过高、噪声、爬行等。表4-5为液压部分的常见故障及其排除方法。

表 4－5　液压部分的常见故障及其排除方法

序号	故障现象	故障原因	排除方法
1	压力泵不供油或流量不足	压力调节弹簧过松	将压力调节螺钉顺时针转动使弹簧压缩，启动压力泵，调整压力
		流量调节螺钉调节不当，定子偏心方向相反	按逆时针方向逐步转动流量调节螺钉
		液压泵转速太低，叶片不能甩出	将转速控制在最低转速上
		液压泵转向相反	调转向
		油的黏度过高，使叶片运动不灵活	采用规定牌号的油
		油量不足，吸油管露出油面吸入空气	加油到规定位置，将滤油器埋入油下
		吸油管堵塞	清除堵塞物
		进油口漏气	修理或更换密封圈
		叶片在转子槽内卡死	拆开油泵修理，清除毛刺、重新装配
2	液压泵有异常噪声或压力下降	油量不足，滤油器露出油面	加油到规定位置
		吸油管吸入空气	找出泄漏部位，修理或更换零件
		回油管高出油面，空气进入油池	保证回油管埋入最低油面下一定深度
		进油口滤油器容量不足	更换滤油器，进油容量应是油泵最大排量的 2 倍以上
		滤油器局部堵塞	清洗滤油器
		液压泵转速过高或液压泵装反	按规定方向安装转子
		液压泵与电动机连接同轴度差	同轴度应在 0.05mm 内
		定子和叶片磨损，轴承和轴损坏	更换零件
		泵与其他机械共振	更换缓冲胶垫
3	液压泵发热、油温过高	液压泵工作压力超载	按额定压力工作
		吸油管和系统回油管距离太近	调整油管，使工作后的油不直接进入油泵
		油箱油量不足	按规定加油
		摩擦引起机械损失，泄漏引起容积损失	检查或更换零件及密封圈
		压力过高	油的黏度过大，按规定更换

续表

序号	故障现象	故障原因	排除方法
4	系统及工作压力低，运动部件爬行	泄漏	检查漏油部件，修理或更换
			检查是否有高压腔向低压腔的内泄
			修理或更换泄漏的管件、接头、阀体
5	尾座顶不紧或不运动	压力不足	用压力表检查
		液压缸活塞拉毛或研损	更换或维护
		密封圈损坏	更换密封圈
		液压阀断线或卡死	清洗、更换阀体或重新接线
		套筒研损	修理研损部件
6	导轨润滑不良	分油器堵塞	更换损坏的定量分油器
		油管破裂或渗漏	修理或更换油管
		没有气体动力源	检查气动柱塞泵有无堵塞，是否灵活
		油路堵塞	清除污物，使油路畅通
7	滚珠丝杠润滑不良	分油管不分油	检查定量分油器
		油管堵塞	清除污物，使油路畅通

2. 数控系统常见故障及其处理

现以某型号数控铣床的 FANUC 16M 系统为例，介绍常见故障分析与排除方法，见表 4-6。

表 4-6　数控系统的故障及其排除方法（以 FANUC 16M 系统为例）

序号	故障现象	故障原因	排除方法
1	数控系统不能接通电源	电源变压器无输入（如熔断器熔断等）	检查电源输入或输入单元的熔断器
		直流工作电压（+5V，+24V）的负载短路	检查各直流工作电压的负载是否短路
		输入单元已坏	更换
2	电源接通后，LCD 无辉度或无画面	与 LCD 有关的电缆接触不良	重新连线
		LCD 单元输入电压（+24V）异常	检查 LCD 单元输入电压是否为+24V
		主机板上有报警信号显示	按报警信号处理
		无视频信号输入	测试 LCD 接口板 VIDEO 信号，若无信号则接口板有故障，要更换
		LCD 单元质量不良	调试或更换

续表

序号	故障现象	故障原因	排除方法
3	LCD 无显示，但输入单元报警灯亮	＋24V 电源负载短路	排除短路现象
		连接单元接口板有故障	更换已损坏的元器件或接口板
4	LCD 无显示，机床不能动作，主机板无报警指示	主机板有故障	更换
		控制 ROM 不良	更换
5	LCD 无显示，但手动或自动操作正常	系统控制部分能正常进行插补运算，仅显示部分有故障	更换 LCD 控制板
6	LCD 显示无规律，有亮斑、线条或符号	LCD 控制板有故障	更换
		主机板可能有故障	检查报警指示灯情况以确认主机板故障
7	LCD 只能显示 NOT READY，但能用 JOG 方式移动机床	有报警号显示	根据报警号处理
		磁泡存储器工作不正常	按操作说明书对磁泡存储器进行初始化处理后重新输入系统参数与 PC 参数
8	LCD 显示位置画面，但机床不能按 JOG 方式操作	主机板报警	根据报警号处理
		系统参数设定有误	检查并重新设定有关参数
9	LCD 只能显示位置画面	多为 MDI（手动输入方式）控制板故障	更换 MDI 控制板
10	纸带阅读机不能正常输入信息	"纸带"方式系统参数设定有误	检查并重新设定
		纸带阅读机供电不正常	检查纸带阅读机电路板上的电源
		纸带阅读机故障或纸带不符合要求	若纸带不能移动则为阅读机故障，若纸带能移动则为系统参数（000～005 号）有误，否则纸带装反或不合要求
		主机板接口部分器件有故障	更换
11	系统不能自动运转	系统状态参数设置错误	检查诊断号中的自动方式、启动、保持、复位等信号与 M、S、T 等指令状态参数设置是否有误
		连接单元接收器无信号	若与连接单元有关的诊断号参数不能置"0"，则更换连接单元

续表

序号	故障现象	故障原因	排除方法
12	机床不能正常返回基准，且产生90号报警	脉冲编码器的每转信号未输入	检查脉冲编码器、连接电缆、抽头是否断线
			返回基准点的启动点离基准点太近
			脉冲编码器已坏
13	返回基准点系统显示NOT READY无报警	基准点的接触或减速开关失灵	检查、修复或更换
14	机床返回的停止位置与基准点不一致	受外界干扰，脉冲编码器电压太低，伺服电动机与机床的联轴器松动	屏蔽线接地，脉冲编码器电缆独立以确保其电缆连接可靠，电缆损耗不大于0.2V，紧固联轴器
		减速挡块的长度及安装位置不正确	调整挡块位置，适当增加其长度
		脉冲编码器不良或主机板不良	更换脉冲编码器或主机板
		电缆瞬时断线、连接器接触不良，偏置值变化，主机板或速度控制单元不良	焊接电缆接头，更换不良电路板
15	手摇脉冲器不能工作	系统参数设置错误	检查诊断号中机床互锁信号、伺服断开信号和方式信号是否正确
		伺服系统故障	若LCD画面随手摇脉冲器变化而机床不动，则为伺服系统故障
		手摇脉冲器主板故障或其接口不良	检查主机板，若正常则为手摇脉冲器主板故障或其接口不良，更换

任务4 数控机床维护保养实训

实训目的

（1）了解数控机床维护保养的安全操作规程。

（2）掌握数控机床维护保养的基本操作及步骤。

（3）熟练掌握数控机床维护保养方法。

（4）掌握数控机床维护保养基本操作技能。

（5）能严格遵守生产规章制度，爱护设备，养成良好的职业习惯。

实训设备、材料及工具

（1）数控机床。

（2）导轨油、切削液、液压油、机油。

（3）毛刷、活动扳手、内六角扳手、螺丝刀、老虎钳、尖嘴钳。

（4）棉纱。

实训内容

1. 对维护人员的素质要求

数控设备是技术密集型和知识密集型机电一体化产品，其技术先进、结构复杂、价格昂贵，在生产上往往起着关键作用，因此对维护人员有较高的要求。

（1）专业知识面广。

1）掌握或了解计算机原理、电子技术、电工原理、自动控制与电机与拖动、检测技术、机械传动及数控加工工艺方面的基础知识。

2）既要懂电，又要懂机。电包括强电和弱电，机包括机、液、气。维护人员还必须经过数控技术方面的专门学习和培训，掌握数字控制、伺服驱动及 PLC 的工作原理，懂得 NC 和 PLC 编程。

（2）具有专业英语阅读能力。

（3）勤于学习，善于分析。

（4）有较强的动手能力和实验技能。

1）应会使用维护保养所必需的工具、仪表和仪器。

2）胆大心细。

2. 必要的维护用器具

（1）测量仪器、仪表。

万用表、数字转速表、示波器、相序表常用的长度测量工具。

（2）维护工具。

1）电烙铁、吸锡器、螺丝刀。

2）钳类工具：常用的有平头钳、尖嘴钳、斜口钳、剥线钳。

3）扳手：大小活络扳手、各种尺寸的内六角扳手。

4）其他：剪刀、镊子、刷子、吹尘器、清洗盘、鳄鱼钳连接线等。

（3）化学用品。

松香、纯酒精、清洁触点用喷剂、润滑油等。

3. 必要的技术资料和技术准备

维护工作做得好坏、排除故障的速度快慢，主要取决于维护人员对系统的熟悉程度和运用技术资料的熟练程度。

（1）数控装置部分。

1）数控装置安装、使用（包括编程）、操作和维护方面的技术说明书。

2）系统参数的意义及设定方法。

3）装置的自诊断功能和报警清单。

4）装置接口的分配及含义等。

（2）PLC 装置部分。

1）PLC 装置及编程器的连接、编程、操作方面的技术说明书。

2）PLC 用户程序清单或梯形图。

3）I/O 地址及意义说明清单。

4）报警文本以及 PLC 的外部连接图。

（3）伺服单元。

1）进给和主轴伺服单元原理、连接、调整和维护方面的技术说明书，其中包括伺服单元的电气原理框图和接线图、主要故障的报警显示、重要的调整点和测试点。

2）伺服单元参数的意义和设置。

（4）机床部分。

1）机床安装、使用、操作和维护方面的技术说明书，其中包括机床的操作面板布置及其操作、机床电气原理图和布置图以及接线图。

2）机床的液压回路图和气动回路图。

（5）其他。

1）有关元器件方面的技术资料，如数控设备所用的元器件清单、备件清单以及各种通用的元器件手册。维护人员应熟悉各种常用的元器件。

2）做好数据和程序的备份十分重要。

3）故障维护记录是一份十分有用的技术资料。

（6）必要的条件。

1）对于数控系统的维护，备品备件是一个必不可少的物质条件。

2）数控系统备件的配制要根据实际情况，通常一些易损的电气元器件如各种规格的熔断器、保险丝、开关、电刷，还有易出故障的大功率模块和印刷电路板等，均是应当配备的。

4. 常见故障分类

数控机床是一种技术复杂的机电一体化设备，其故障发生的原因一般都比较复杂，这给故障诊断和排除带来不少困难。为了便于进行故障分析和处理，下面按故障部件、故障性质、有无报警显示及故障原因等对常见故障作如下分类。

（1）按数控机床发生故障的部件分类。

1）主机故障。

数控机床的主机部分主要包括机械、润滑、冷却、排屑、液压、气动与防护等装置。常见的主机故障是由机械安装、调试及操作使用不当等引起的，具体包括以下几种：

①机械传动故障。

②导轨运动摩擦过大故障。

故障表现为传动噪声大，加工精度差，运行阻力大。例如，轴向传动链的挠性联轴器松动，齿轮、丝杠与轴承缺油，导轨塞铁调整不当，导轨润滑不良以及系统参数设置不当等原因均可造成以上故障。尤其应引起重视的是，机床各部位标明的注油点（注油孔）须定时、定量加注润滑油（剂），这是机床各传动链正常运行的保证。

③液压、润滑与气动系统的故障现象主要是管路阻塞和密封不良。

2）电气故障。

电气故障分弱电故障与强电故障。

①弱电部分，主要指 CNC 装置、PLC 控制器、LCD 显示器以及伺服单元、输入和输出装置等电子电路，这部分又有硬件故障与软件故障之分。

硬件故障主要是指上述各装置的印刷电路板上的集成电路芯片、分立元件、接插件以及外部连接组件等发生的故障。

常见的软件故障有：加工程序出错、系统程序和参数改变或丢失、计算机的运算出错等。

②强电部分，这部分的故障十分常见，必须引起足够的重视。

（2）按数控机床发生的故障性质分类。

1）系统性故障。

系统性故障通常是指只要满足一定的条件或超过某一设定的限度，工作中的数控机床必然会发生的故障。这一类故障现象极为常见。例如：

①液压系统的压力值随着液压回路过滤器的阻塞而降到某一设定参数时，必然会发生液压报警使系统断电停机；

②润滑、冷却或液压等系统由于管路泄漏引起油标下降到使用限值必然会发生液位报警使机床停机。

2）随机性故障。

随机性故障通常是指数控机床在同样的条件下工作时只偶然发生一次或两次的故障。有的文献称之为"软故障"。

（3）按故障发生后有无报警显示分类。

1）有报警显示的故障。

这类故障又可分为硬件报警显示与软件报警显示两种。

①硬件报警显示故障。硬件报警显示通常是指各单元装置上的警示灯（一般由 LED 发光管或小型指示灯组成）的指示。

②软件报警显示故障。软件报警显示通常是指 LCD 显示器上显示出来的报警号和报警信息。这类报警显示常见的有存储器警示、过热警示、伺服系统警示、轴超程警示等，这些软件报警有来自 NC 的报警和来自 PLC 的报警。

2）无报警显示的故障。

这类故障发生时无任何硬件或软件的报警显示，因此分析诊断难度较大。例如：

①机床通电后，在手动方式或自动方式下运行 X 轴时出现"爬行"现象，无任何报警显示。

②机床在自动方式下运行时突然停止，而 LCD 显示器上无任何报警显示。

③在运行机床某轴时发生异常声响，一般也无故障报警显示。

对于无报警显示的故障，通常要具体情况具体分析，要根据故障发生的前后变化状态进行分析判断。

（4）按故障发生的原因分类。

1）数控机床自身故障。

这类故障的发生是由数控机床自身的原因引起的，与外部使用环境条件无关。

2）数控机床外部故障。

这类故障是由外部原因造成的。例如：

①数控机床的供电电压过低，波动过大，相序不对或三相电压不平衡；

②周围的环境温度过高；

③有害气体、潮气、粉尘侵入；

④外来振动和干扰。

除上述常见故障分类外，还可按故障发生时有无破坏性来分，故障可分为破坏性故障和非破坏性故障；按故障发生的部位来分，故障可分为数控装置故障，进给伺服系统故障，主轴系统故障，刀架、刀库、工作台故障；等等。

5. 数控机床故障的排除思路和原则

（1）数控机床故障的排除思路。

1）确认故障现象，调查故障现场，充分掌握故障信息。

当数控机床发生故障时，维护人员进行故障的确认是很有必要的，特别是在操作使用人员不熟悉机床的情况下，这尤其重要。不该也不能让非专业人士随意开动机床，特别是出现故障后的机床，以免故障进一步扩大。

专业维护人员在数控系统出现故障后，也不要急于动手盲目处理，而是首先要查看故障记录，向操作人员询问故障出现的全过程，在确认通电对系统无危险的情况下，再通电亲自观察，特别要注意确定以下主要故障信息：

①故障发生时报警号和报警提示是什么？指示灯和发光管指示了什么报警？

②如无报警，系统处于何种工作状态？系统的工作方式和诊断结果是什么？

③故障发生在哪个程序段？执行何种指令？故障发生前进行了何种操作？

2）根据所掌握的故障信息，明确故障的复杂程度并列出故障部位的全部疑点。

在充分调查现场并掌握第一手材料的基础上，把故障问题正确地列出来。

3）分析故障原因，制定排除故障的方案。

分析故障时，维护人员不应局限于 CNC 部分，而是要对机床强电、机械、液压、气动等方面都作详细的检查，并进行综合判断，制定出故障排除的方案，达到快速确诊和高效率排除故障的目的。

分析故障原因时应注意：

①思路一定要开阔，无论是数控系统、强电部分，还是机、液、气等，要将有可能引起故障的原因以及每一种可能解决问题的方法全部列出来，进行综合、判断和筛选。

②在对故障进行深入分析的基础上，预测故障原因并拟定检查的内容、步骤和方法，制定故障排除方案。

4）检测故障，逐级定位故障部位。

根据预测的故障原因和预先确定的排除方案，用试验的方法验证，逐级定位故障部位，最终找出故障的真正发生源。

5）故障的排除。

根据故障部位及准确的原因，采用合理的故障排除方法，高效、高质量地恢复故障现场，尽快让机床投入生产。

6）排除故障后的资料的整理。

故障排除后，应迅速恢复现场，并做好相关资料的整理，以便提高自己的业务水平和机床的后续维护和维修。

（2）故障排除应遵循的原则。

在检测故障过程中，应充分利用数控系统的自诊断功能，如系统的开机诊断、运行诊断、PLC的监控功能，根据需要随时检测有关部分的工作状态和接口信息。同时还应灵活应用数控系统故障检查的一些行之有效的方法，如交换法、隔离法等。

1）先方案后操作（或先静后动）。维护人员遇到机床出故障时，应先静下心来，考虑出分析方案后再动手。维护人员本身要做到先静后动，不可盲目动手，应先询问机床操作人员故障发生的过程及状态，阅读机床说明书、图样资料后，方可动手查找和处理故障。

2）先安检后通电。确定方案后，对有故障的机床仍要秉持着先静后动的原则，先在机床断电的静止状态，通过观察、测试、分析，确认为非恶性循环性故障或非破坏性故障后，方可给机床通电，在运行正常下，进行动态的观察、检验和测试，查找故障。对于恶性的破坏性故障，必须先排除危险后方可通电，在运行正常下进行动态诊断。

3）先软件后硬件。发生故障的机床通电后，应先检查软件的工作是否仍正常。有些可能是软件的参数丢失或者是操作人员使用方式、操作方法不对而造成的报警或故障。切忌一上来就大拆大卸，以免造成更大的不良后果。

4）先外部后内部。数控机床是机械、液压、电气一体化的机床，故其故障必然要从机械、液压、电气这三者综合反映出来。数控机床的检修要求维护人员掌握先外部后内部的原则，即当数控机床发生故障后，维护人员应先采用望、闻、听、问等方法，由外向内逐一进行检查。

5）先机械后电气。数控机床是一种自动化程度高、技术较复杂的先进机械加工设备。一般来讲，机械故障较易察觉，而数控系统故障的诊断则难度要大些。先机械后电气就是在数控机床的检修中，首先检查机械部分是否正常，行程开关是否灵活，气动、液压部分是否正常等。从经验来看，数控机床的故障中有很大一部分是由机械运作失灵引起的。因此，在故障检修之前，首先逐一排除机械故障，往往可以达到事半功倍的效果。

6) 先公用后专用。公用性的问题往往影响全局，而专用性的问题只影响局部。例如，机床的几个进给轴都不能运动，这时应先检查和排除各轴公用的 CNC、PLC、电源、液压等公用部分的故障，然后设法排除某轴的局部问题。又如，电网或主电源故障是全局性的，因此一般应首先检查电源部分，看看保险丝是否正常，直流电压输出是否正常。总之，只有先解决影响一大片的主要矛盾，局部的、次要的矛盾才有可能迎刃而解。

7) 先简单后复杂。当多种故障相互交织掩盖、一时无从下手时，应先解决容易的问题，后解决难度较大的问题。在解决简单故障的过程中，难度大的问题也常常变得容易，或者维护人员在排除简易故障时受到启发，对复杂故障的认识更为清晰，从而也有了解决办法。

8) 先一般后特殊。在排除某一故障时，要先考虑最常见的可能原因，然后再分析很少发生的特殊原因。例如：数控车床 Z 轴回零不准常常是由降速挡块位置走动所造成的。一旦出现这一故障，应先检查该挡块位置，在排除这一常见的可能性之后，再检查脉冲编码器、位置控制等环节。

6. 常用的故障诊断方法与案例

知识微课堂
故障诊断案例

实训步骤

由于数控机床发生故障的原因一般较复杂，而且数控机床本身以及其加工产品的成本较高，因此当发生故障时，应有条不紊地排除故障，确保能迅速、有效地解决故障，提高机床无故障工作时间，最大限度地提高机床利用率，从而获得较高的经济效益。一般按如下步骤进行故障的处理：故障记录→维护前的检查并记录→故障的排除→相关资料的整理。下面微课主要讲述故障记录和维护前的检查。

1. 故障记录

知识微课堂
故障记录

2. 维护前的检查

维护前的检查

　　总之，维护时应记录、检查的原始数据和状态越多，记录越详细，维护就越方便。用户最好根据本厂的实际情况，编制一份故障维护记录表，当系统出现故障时，操作人员可以根据表的要求及时填入各种原始材料，供维护时参考。

注意事项

　　(1) 安全第一，操作数控机床时应确保安全，包括人身安全和设备安全。

　　(2) 禁止多人同时操作机床。

　　(3) 必须在教师的指导下，严格按照安全操作规程，有步骤地进行。

　　(4) 数控机床维护保养时必须切断机床电源。

参考文献

［1］谢竞成. 数控机床操作实训教程［M］. 西安：西北工业大学出版社，2016.

［2］李桂云. 王晓霞. 数控编程及加工技术［M］. 3版. 大连：大连理工大学出版社，2018.

［3］刘万菊. 数控加工工艺及编程［M］. 2版. 北京：机械工业出版社，2016.

［4］朱明松，朱德浩. 数控车床编程与操作项目教程［M］. 北京：机械工业出版社，2023.

［5］张军. 数控机床编程与操作教程［M］. 北京：机械工业出版社，2021.

［6］汤振宁. 关颖. 数控铣床编程与操作项目教程［M］. 北京：中国石油大学出版社，2017.

［7］吕宜忠. 数控编程与加工技术［M］. 2版. 北京：机械工业出版社，2023.

［8］刘虹. 数控加工编程及操作［M］. 北京：机械工业出版社，2018.

［9］陈何生. 数控车床编程与操作［M］. 3版. 北京：中国劳动社会保障出版社，2019.